잘못 알고 있는 과학 개념 55가지
잘못 오
과학
誤
오개념탈출
프로젝트 ①
초등 3·4학년 권장
글 정지숙·신애경·황신영
감수 전영석  그림 박선화, 다우
아울북

# 과학 오개념! 계속 가지고 있어도 될까요?

- 거미는 곤충이다.
- 밥을 먹을 때 물을 마시면 소화가 잘 된다.
- 물은 끓어야만 수증기로 변한다.
- 달은 밤에만 뜬다.
- 철은 액체나 기체 상태가 없다.
- 얼음을 수건으로 감싸면 빨리 녹는다.
- 자석을 쪼개면 한 개의 극만 갖는다.

위의 내용은 초등학생들이 자연 현상에 대해 흔히 가지는 생각입니다. 얼핏 보면 그럴 듯해 보이지만 과학적으로는 틀린 개념입니다. 이처럼 과학 이론과는 맞지 않는 학생들의 잘못된 개념을 오개념이라고 합니다.

## 왜 오개념을 가지게 될까요?

학생들이 과학 분야에서 오개념을 가지는 이유는 다음과 같이 몇 가지로 생각해 볼 수 있습니다.

첫째, 학생들이 현상이나 경험에 의존한 사고를 하기 때문에 생길 수 있습니다. '물에 설탕을 넣었을 때 사라진다.'라고 대답하는 학생은 눈으로 관찰한 것만을 바탕으로 생각했기 때문입니다.

둘째, 추상적인 과학 이론을 이해하기 힘들기 때문에 생길 수 있습니다. 중력, 자기력 등의 힘은 일상 생활에서 느끼기 힘듭니다.

셋째, 일상 생활에서 사용하는 용어와 과학에서 사용하는 용어의 정의가 달라서 오개념이 생기기도 합니다. 과학에서의 '일'과 일상 생활에서의 '일'은 같은 단어지만, 정의가 다릅니다.

넷째, 텔레비전, 책, 주변 사람들의 잘못된 정보가 오개념을 만들기도 합니다. 예전 광고에서 '침대는 가구가 아닙니다. 과학입니다.'라는 광고 카피가 유행했을 때 많은 초등학생들이 침대는 가구가 아닌 것으로 알고 있었다고 합니다.

다섯째, 과학 법칙에는 예외적인 상황이 있을 수 있는데, 이런 것을 무시하고 지나치게 일반화를 했을 때 오개념이 생기기도 합니다.

### 오개념은 왜 문제가 될까요?

이렇듯 다양한 원인에 의해 많은 오개념을 가지고 있습니다. 사실 이는 과학을 학습하는 과정에서 어찌 보면 자연스러운 현상입니다. 하지만 이러한 오개념은 반드시 바로 잡아주어야 할 필요가 있습니다. 왜냐하면 오개념은 학생들에게 있어 일종의 신념에 가깝기 때문에 한두 번의 수업으로는 쉽게 바뀌지 않습니다. 시험 공부를 할 때에는 올바른 과학 개념을 가지고 있다가도 시험이 끝나면 원래의 오개념으로 돌아오는 경우가 많습니다. 학년이 올라갈수록 과학을 어려워하고 포기하는 학생들이 많은데 그 이유 중의 한 가지가 어려서부터 가지고 있는 오개념이 바뀌지 않아 올바른 과학 개념을 학습하기에 어렵기 때문입니다.

### 이 책을 통해 어떻게 오개념을 극복할 수 있을까요?

우선 초등학생들이 학교 수업에서 가지고 있는 오개념을 분석한 여러 논문 자료에 나타난 200여 개의 오개념 내용 중 초등학교 선생님들이 엄선한 100여 개의 주제를 선정하였습니다. 학생들은 자신이 어떤 오개념을 가지고 있는지조차 모르는 경우가 많기 때문에 재미있는 상황을 제시하여 내가 알고 있는 개념에 대하여 의문을 품게 하였습니다. 이후 오개념 주제를 포함한 오개념 진단 질문 약 400여 개에 답해 보면서 자신이 가지고 있는 오개념을 스스로 진단해 보게 하였습니다. 자신이 정확히 알고 있지 않다는 것을 깨닫는 순간, 그 개념에 대한 올바른 과학 지식을 체계적으로 정리하여 학생들이 스스로 자신의 오개념이 무엇인지 그리고 올바른 과학 개념이 어떤 것인지 확인할 수 있도록 하였습니다. 또한 각 영역 마지막에는 시험에서 속기 쉬운 오개념 문제를 통해 학교 시험에 대비할 수 있도록 하였습니다.

부디 이 책을 읽는 어린이들이 오개념에서 벗어나 참다운 과학의 세계로 들어오길 희망하며, 과학의 즐거움을 알게 되었으면 하는 바람입니다.

2009년 2월　정지숙, 신애경, 황신영

**오개념 탈출**
오개념에 빠진 이유를 하나씩 짚어가며 설명해 줘요.

**오개념**
쉽게 빠지는 오개념 주제예요.

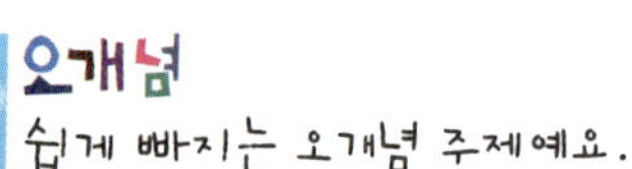

### 1 움직이는 것은 생물이다 (X)

이 섬은 생물들만 갈 수 있는 곳이야. 그 곳에 생물이라고 자신하는 로봇이 들어오려고 해. 하지만 로봇은 섬 주인들에 의해 거절당했어. 왜 그랬을까?

당연히 로봇은 들어갈 수 없어. 로봇은 생물이 아니거든. 물론 로봇은 호랑이와 새처럼 움직이고, 심지어 소리도 낼 줄 알아. 어쩌면 로봇이 호랑이보다 더 똑똑할지도 모르지. 그렇다고 로봇을 생물이라고 말할 순 없어. 생물인 것과 생물이 아닌 것을 구별하는 기준은 따로 있거든.

섬에 있는 생물들, 호랑이, 나무, 꽃 들을 자세히 살펴봐. 그것들의 공통점은 무엇일까?

생물이 무엇인지 잘 알고 나면, 로봇이 왜 생물 섬에 들어갈 수 없는지 그 이유를 알 수 있을 거야.

**나의 오개념을 체크해 보자**
움직이면 모두 생물이야.　　　〇✗
자손을 남기는 것은 생물이야.　〇✗
생물과 무생물 모두 자라.　　　〇✗

20　오개념탈출 프로젝트 과학 1

#### 오개념 탈출　생물과 무생물의 분류기준

**살아 숨쉬고 활동을 해야 생물이야.**

우리는 흔히 살아 있는 것을 생물, 살아있지 않은 것을 무생물이라고 말해. 그렇다면 살아 있다는 것은 어떤 것을 말할까? 움직이는 것이라고? 다시 한 번 생각해 봐.

움직이는 것이 생물이라면 도로를 달리는 자동차는 생물이고, 땅위의 소나무는 무생물이겠지. 하지만 그렇지 않잖아? 이렇게 생물을 한 마디로 정의하는 것은 불가능해. 생물은 물질대사와 같은 생명 활동을 해. 물질대사란 생명 유지를 위해 필요한 물질을 섭취하고 불필요한 것을 내보내는 일을 말해. 사람이 음식을 먹고 찌꺼기를 밖으로 내보내는 일 같은 것 말이야. 만일 사람이 음식을 먹지 않는다면 결국 죽게 될 거야. 일단 죽고 나면 아무리 음식을 먹어도 소용이 없게 되지.

소나무도 물질 대사를 하느냐고? 물론이지. 일반적으로 녹색 식물은 흙으로부터 물과 양분을 섭취하고 물과 산소를 내보내.

**생물은 자라지만 무생물은 자라지 않아.**

우리 몸이 자라는 것(생장)은 세포의 수가 많아지기 때문이야. 하지만 자동차나 바위 같은 것은 세포가 없기 때문에 자라지 않지. 그렇다면 한겨울 처마 밑의 고드름도 자라나까 생물일까? 생물은 물질 대사의 결과로 몸이 자라는 것이지만 고드름은 처마에서 떨어지는 물의 양이 많아져서 없음이 커진 것뿐이지.

또한 생물은 자라다가도 언젠가는 죽어. 그래서 자신을 닮은 자손을 남겨 대를 잇지. 하지만 무생물인 자동차는 자손을 남길 수 없어. 이제 생물과 무생물의 차이를 알겠지?

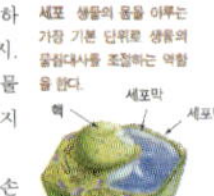


**아하! 개념**
- 움직이는 것만으로는 생물과 무생물을 구별할 수 없다.
- 생물이라고 말할 때의 조건
  - 영양분을 흡수하고 노폐물을 배출한다.
  - 물질대사를 통해 생장을 한다.
  - 몸이 세포로 이루어져 있다.
  - 자손을 낳아 대를 이어간다.

답　X, O, X

1　움직이는 것은 생물이다(X)　21

오개념에 빠지는 상황을 재미있는 이야기와 삽화를 통해 쉽게 도입하고 있어요.

**아하! 개념**
탈출한 오개념을 정리해요.

나의 오개념을 스스로 체크해 보고, 무엇을 모르고 있는지 알아봐요.

# 시험에서 속기 쉬운 오개념

각 영역별로 틀리기 쉬운 시험
문제를 풀면서 오개념을 확실히
탈출했는지 확인할 수 있어요.

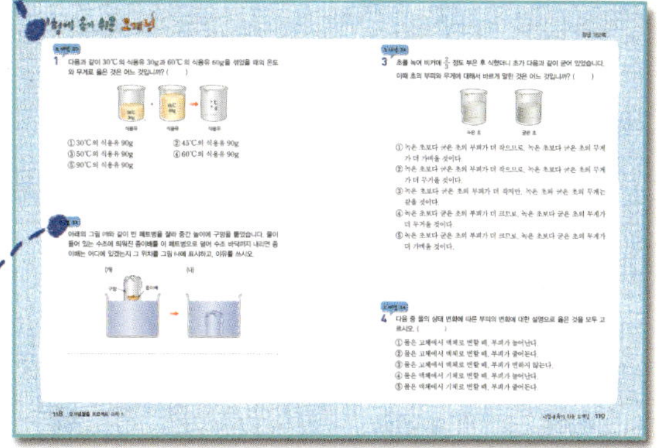

각 문제가 어떤 오개념에
해당하는지 한눈에 알 수 있어요.

# 오개념 체크 리스트

각 영역별 표제어에 해당하는 간단한 체크
문항이예요. 평소에 얼마나 바른 개념을 가지고
있는지 확인함으로써 스스로 오개념을 체크해요.

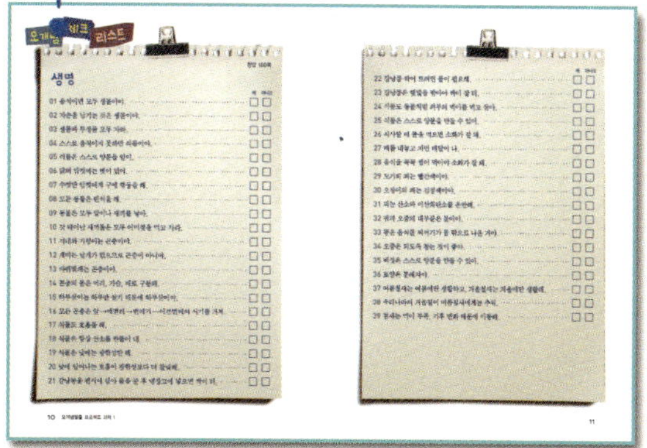

# 용어 찾아 보기

초등학교 교과서에 나오는 핵심 용어가 포함된
페이지를 쉽고 빠르게 찾을 수 있어요.

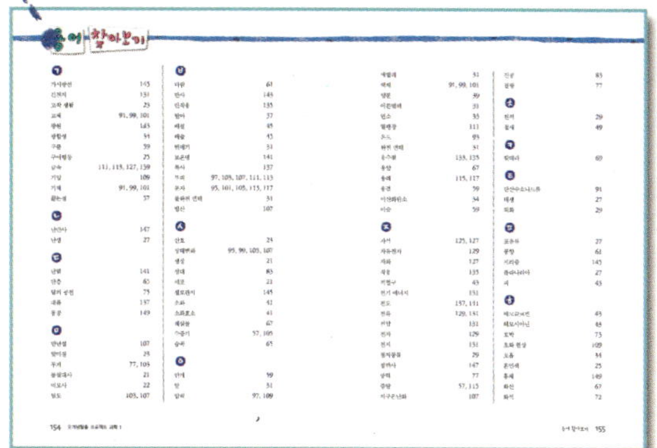

# 교과 관련 찾아 보기 (표제어순)

각 오개념의 표제어가 교과 과정의 어떤 단원과
연결되어 있는지 한눈에 볼 수 있어요.

# 생명

## 지구와 우주

# 물질

# 에너지



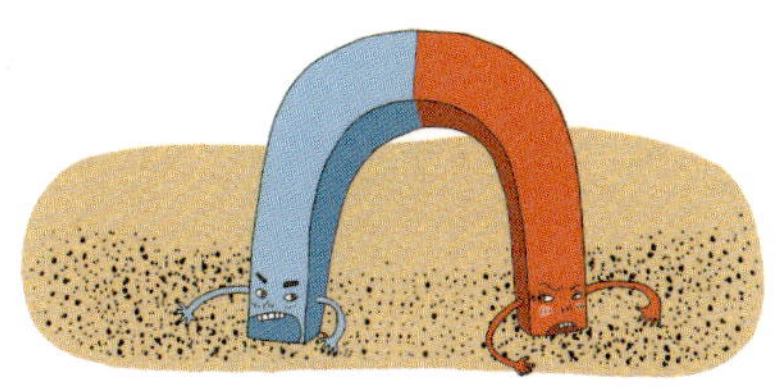

# 생명

|  | 예 | 아니오 |
|---|---|---|

01 움직이면 모두 생물이야. ☐ ☐

02 자손을 남기는 것은 생물이야. ☐ ☐

03 생물과 무생물 모두 자라. ☐ ☐

04 스스로 움직이지 못하면 식물이야. ☐ ☐

05 식물은 스스로 양분을 얻어. ☐ ☐

06 닭의 암컷에는 볏이 있어. ☐ ☐

07 수컷만 암컷에게 구애 행동을 해. ☐ ☐

08 모든 동물은 번식을 해. ☐ ☐

09 동물은 모두 알이나 새끼를 낳아. ☐ ☐

10 갓 태어난 새끼들은 모두 어미젖을 먹고 자라. ☐ ☐

11 지네와 지렁이는 곤충이야. ☐ ☐

12 개미는 날개가 없으므로 곤충이 아니야. ☐ ☐

13 바퀴벌레는 곤충이야. ☐ ☐

14 곤충의 몸은 머리, 가슴, 배로 구분돼. ☐ ☐

15 하루살이는 하루만 살기 때문에 하루살이야. ☐ ☐

16 모든 곤충은 알→애벌레→번데기→어른벌레의 시기를 거쳐. ☐ ☐

17 식물도 호흡을 해. ☐ ☐

18 식물은 항상 산소를 만들어 내. ☐ ☐

19 식물은 낮에는 광합성만 해. ☐ ☐

20 낮에 일어나는 호흡이 광합성보다 더 활발해. ☐ ☐

21 강낭콩을 접시에 담아 물을 준 후 냉장고에 넣으면 싹이 터. ☐ ☐

예　아니오

**22** 강낭콩 싹이 트려면 물이 필요해. ⬜ ⬜

**23** 강낭콩은 햇빛을 받아야 싹이 잘 터. ⬜ ⬜

**24** 식물도 동물처럼 외부의 먹이를 먹고 살아. ⬜ ⬜

**25** 식물은 스스로 양분을 만들 수 있어. ⬜ ⬜

**26** 식사할 때 물을 먹으면 소화가 잘 돼. ⬜ ⬜

**27** 배를 내놓고 자면 배탈이 나. ⬜ ⬜

**28** 음식을 꼭꼭 씹어 먹어야 소화가 잘 돼. ⬜ ⬜

**29** 모기의 피는 빨간색이야. ⬜ ⬜

**30** 오징어의 피는 검정색이야. ⬜ ⬜

**31** 피는 산소와 이산화탄소를 운반해. ⬜ ⬜

**32** 땀과 오줌의 대부분은 물이야. ⬜ ⬜

**33** 똥은 음식물 찌꺼기가 몸 밖으로 나온 거야. ⬜ ⬜

**34** 오줌은 되도록 참는 것이 좋아. ⬜ ⬜

**35** 버섯은 스스로 양분을 만들 수 있어. ⬜ ⬜

**36** 토양은 분해자야. ⬜ ⬜

**37** 여름철새는 여름에만 생활하고, 겨울철새는 겨울에만 생활해. ⬜ ⬜

**38** 우리나라의 겨울철이 여름철새에게는 추워. ⬜ ⬜

**39** 철새는 먹이 부족, 기후 변화 때문에 이동해. ⬜ ⬜

# 지구와 우주

예   아니오

40 빨래가 마르는 것은 빨래의 물기가 끓어서 없어진 것이야. ⬚ ⬚

41 증발은 물을 끓여야 일어나. ⬚ ⬚

42 얼음물이 든 컵 표면에는 냉장고 안에서도 물방울이 맺혀. ⬚ ⬚

43 얼음물이 든 컵 표면에 맺힌 물방울은 컵에서 스며 나온 것이야. ⬚ ⬚

44 얼음물이 든 컵 표면에 맺힌 물방울은 공기 중의 수증기와 같은 물질
이야. ⬚ ⬚

45 북쪽으로 부는 바람이 북풍이야. ⬚ ⬚

46 우리나라에서 부는 남풍은 북풍보다 따뜻해. ⬚ ⬚

47 구름은 바람이 움직이는 것보다 더 천천히 움직여. ⬚ ⬚

48 구름은 바람의 방향과 반대 방향으로 움직여. ⬚ ⬚

49 구름의 모양은 계속 변해. ⬚ ⬚

50 지층은 하나의 암석으로 이루어져 있어. ⬚ ⬚

51 지층은 오랜 시간에 걸쳐 만들어져. ⬚ ⬚

52 가장 오래된 지층은 항상 아래쪽에 있어. ⬚ ⬚

53 지층을 구별하는 기준은 층의 색깔, 모양, 두께, 알갱이의 크기 등이야.
⬚ ⬚

54 화산이 분출할 때 나오는 것은 용암이야. ⬚ ⬚

55 화산이 분출할 때 기체, 액체, 고체 성분의 물질이 모두 나와. ⬚ ⬚

56 화산 분출은 우리에게 나쁜 영향만 줘. ⬚ ⬚

57 분화구가 없는 산은 화산이 아니야. ⬚ ⬚

58 다른 산들과 연결된 산은 화산이 아니야. ⬚ ⬚

59 화산이 분출할 때 나오는 물질은 용암뿐이야. ⬚ ⬚

예　아니오

**60** 속리산은 화산이야. ……………………… ☐ ☐

**61** 모든 화산은 언젠가는 폭발해. ……………… ☐ ☐

**62** 백두산은 폭발할 가능성이 있어. …………… ☐ ☐

**63** 생물의 흔적이 지층 속에 남아 있는 것은 화석이 아니야. …… ☐ ☐

**64** 호박 속 곤충은 화석이야. …………………… ☐ ☐

**65** 진흙에 난 신발자국은 화석이 될 수 있어. …… ☐ ☐

**66** 달은 밤에만 떠. …………………………… ☐ ☐

**67** 달이 뜨는 시각은 매일 일정해. ……………… ☐ ☐

**68** 초저녁, 달은 항상 동쪽에서 볼 수 있어. …… ☐ ☐

**69** 달나라에 가서 저울로 재면 몸무게가 적게 나와. …… ☐ ☐

**70** 달에서 잰 몸무게가 지구에서의 6배야. …… ☐ ☐

**71** 달나라에 가면 살이 빠져. …………………… ☐ ☐

**72** 달은 공전과 자전을 해. …………………… ☐ ☐

**73** 달은 공전을 하므로 지구에서 달의 모든 면을 볼 수 있어. …… ☐ ☐

**74** 달은 자전을 하므로 지구에서 달의 모든 면을 볼 수 있어. …… ☐ ☐

**75** 어느 나라나 오늘 밤에 보이는 달 모양은 같아. …… ☐ ☐

**76** 남반구와 북반구에서 오늘 밤에 보이는 달 모양은 달라. …… ☐ ☐

**77** 보름달이 뜬 날은 지구 어디서나 보름달을 볼 수 있어. …… ☐ ☐

**78** 땅에 귀를 대면 먼 곳에서 들리는 발자국 소리를 들을 수 있어. …… ☐ ☐

**79** 우주에서도 귀 기울이면 친구의 말소리를 들을 수 있어. …… ☐ ☐

**80** 말하는 사람이 내는 소리는 듣는 사람만 있으면 전달돼. …… ☐ ☐

# 물질

예  아니오

81 가루 물질은 물처럼 담는 그릇에 따라 모양이 변하니까 액체야. ……

82 가루 물질 알갱이의 모양은 담는 그릇이 달라져도 변하지 않아. ……

83 철가루는 자석에 의해 모양이 변하므로 고체가 아니야. ………

84 온도가 다른 두 그릇 속의 물을 섞으면, 두 물의 온도를 더한 온도의
물이 돼. ……

85 온도가 같은 두 그릇 속의 물을 섞으면, 물의 온도는 변하지 않아. ……

86 10℃의 물 20g과 30℃의 물 10g을 섞으면, 20℃보다 온도가 높은
물이 돼. ……

87 물이 얼면 얼음이 돼. ……

88 물과 얼음은 서로 다른 모습이므로 다른 물질이야. ……

89 초가 녹으면 촛농이 돼.

90 만질 수 없다면 아무것도 없다는 거야. ……

91 물체가 차지하는 공간의 크기를 부피라고 해. ……

92 기체는 부피를 가지고 있어.

93 철은 고체 상태로만 존재해. ……

94 소금은 액체나 기체 상태로 만들 수 없어.

95 산소는 액체나 고체 상태로 만들 수 없어.

96 물이 수증기가 되면 무게가 가벼워져. ……

97 얼음보다 물이 더 가벼워.

98 상태의 변화는 무게에 영향을 줘. ……

99 겨울철 수도관이 터지는 것은 물이 얼어 부피가 늘어났기 때문이야.

100 양초를 얼리면 부피가 늘어나. ……

101 물질의 세 가지 상태 중 액체 상태의 부피가 가장 작아.

102 열에는 차가운 열과 뜨거운 열이 있어.

103 더운물 속에 넣은 찬 우유는 열을 얻어.

104 액체에 차가운 열이 들어가면 고체로 변해.

105 물을 얼린 후 물에 넣으면, 원래 물의 양만큼 얼음이 물에 잠겨.

106 지구온난화로 해수면이 높아지는 것은 바다의 빙산이 녹기 때문이
야.

107 산에서나 집에서나 물은 같은 온도에서 끓어.

108 물이 끓는 온도는 항상 100℃야.

109 높은 산은 평지보다 공기의 양이 더 적어.

110 가열했을 때 금속만 부피가 늘어나고, 다른 물질은 늘어나지 않아.

111 쇠고리를 가열하면 쇠고리의 크기가 작아져.

112 가열했던 쇠고리를 식히면 쇠고리의 구멍은 작아져.

113 금속마다 부피가 늘어나는 정도는 같아.

114 물맛이 달면 물속에 설탕이 녹아 있다는 거야.

115 설탕이 물속에 들어가면 보이지 않으므로 없어진 거지.

116 100g의 물에 설탕 10g을 넣으면 100g이 돼.

117 설탕을 물에 넣고 빨리 저으면 빨리 녹아.

118 설탕을 뜨거운 물에 넣고 저으면 찬물일 때보다 많이 녹아.

119 일정한 온도, 일정한 양의 물에 녹을 수 있는 물질의 양은 물질마다
같아.

# 에너지

|  | | 예 | 아니오 |

**120** 극이 한 개만 있는 자석도 있어. ⬜ ⬜

**121** 자석을 쪼개면 극이 한 개인 자석이 돼. ⬜ ⬜

**122** 자석의 한쪽을 빨갛게 칠하면 N극이 돼. ⬜ ⬜

**123** 구리도 금속이니까 자석에 붙어. ⬜ ⬜

**124** 자석에 붙는 것만 금속이야. ⬜ ⬜

**125** 전기가 통하는 금속이라면 모두 자석에 붙어. ⬜ ⬜

**126** 자석에 붙는 금속이라면 모두 전기가 통해. ⬜ ⬜

**127** 전선의 길이가 길면 전구의 불이 늦게 켜져. ⬜ ⬜

**128** 전선의 길이가 길면 전류가 흐르는 데 시간이 오래 걸려. ⬜ ⬜

**129** 둥근 기둥 모양 건전지의 전압은 모두 같아. ⬜ ⬜

**130** 건전지가 크면 전구를 더 밝게 켤 수 있어. ⬜ ⬜

**131** 건전지가 크면 전기를 더 오래 사용할 수 있어. ⬜ ⬜

**132** 용수철을 직렬로 여러 개 매달면 늘어난 길이가 점점 줄어들어. ⬜ ⬜

**133** 용수철을 병렬로 여러 개 매달면 늘어난 길이는 점점 줄어들어. ⬜ ⬜

**134** 용수철을 세로로 하여 매단 경우와, 책상 모서리에 눕혀서 매단 경
우 용수철이 늘어나는 정도는 같아. ⬜ ⬜

**135** 용수철의 양쪽에 같은 무게의 물체를 각각 매달면 물체를 한쪽에
만 매달았을 때보다 2배 더 늘어나. ⬜ ⬜

**136** 태양의 따뜻함은 공기가 전달해 줘. ⬜ ⬜

**137** 열은 서로 닿아 있어야 전달돼. ⬜ ⬜

**138** 열이 전달되는 방법은 물질에 따라 달라. ⬜ ⬜

139 친구 손을 잡을 때 차게 느껴지는 것은 친구 손의 찬 열이 내 손으로 이동하기 때문이야. ⬜ ⬜

140 열은 차가운 곳에서 따뜻한 곳으로 이동해. ⬜ ⬜

141 쇠는 원래 차가운 물질이야. ⬜ ⬜

142 얼음을 수건에 싸면 따뜻해져서 얼음이 빨리 녹아. ⬜ ⬜

143 보온병에 얼음을 넣어두면 얼음이 금방 녹아. ⬜ ⬜

144 보온병에 찬물을 넣으면 따뜻해져. ⬜ ⬜

145 얼음이 열을 잃으면 녹아. ⬜ ⬜

146 물체를 보려면 빛이 있어야 해. ⬜ ⬜

147 빛이 눈으로, 눈에서 물체 쪽으로 이동해서 물체가 보여. ⬜ ⬜

148 빛이 물체로, 물체에서 눈으로 이동해서 물체가 보여. ⬜ ⬜

149 빛이 있어야 그림자가 생겨. ⬜ ⬜

150 모든 물체의 그림자는 검은색이야. ⬜ ⬜

151 노란색 셀로판지의 그림자는 노란색이야. ⬜ ⬜

152 빛을 반사하는 물체만 얼굴이 비쳐 보여. ⬜ ⬜

153 매끈매끈한 물체에는 얼굴이 비쳐 보여. ⬜ ⬜

154 종이는 빛을 반사하지 않아. ⬜ ⬜

155 모든 물체는 빛을 반사해. ⬜ ⬜

156 불이 꺼진 방은 빛이 없어. ⬜ ⬜

157 빛이 없으면 물체를 볼 수 없어. ⬜ ⬜

158 우리 눈동자의 크기는 항상 변함없어. ⬜ ⬜

오개념
생명

# 1 움직이는 것은 생물이다(X)

이 섬은 생물들만 갈 수 있는 곳이야. 그 곳에 생물이라고 자신하는 로봇이 들어오려고 해. 하지만 로봇은 섬 주인들에 의해 거절당했어. 왜 그랬을까?

당연히 로봇은 들어갈 수 없어. 로봇은 생물이 아니거든. 물론 로봇은 호랑이와 새처럼 움직이고, 심지어 소리도 낼 줄 알아. 어쩌면 로봇이 호랑이보다 더 똑똑할지도 모르지. 그렇다고 로봇을 생물이라고 말할 순 없어. 생물인 것과 생물이 아닌 것을 구별하는 기준은 따로 있거든.

섬에 있는 생물들, 호랑이, 나무, 꽃들을 자세히 살펴봐. 그것들의 공통점은 무엇일까?

생물이 무엇인지 잘 알고 나면, 로봇이 왜 생물 섬에 들어갈 수 없는지 그 이유를 알 수 있을 거야.

### 나의 오개념을 체크해 보자 

움직이면 모두 생물이야.    ○ ✕

자손을 남기는 것은 생물이야.    ○ ✕

생물과 무생물 모두 자라.    ○ ✕

## 살아 숨쉬고 활동을 해야 생물이야.

우리는 흔히 살아 있는 것을 생물, 살아있지 않은 것을 무생물이라고 말해. 그렇다면 살아 있다는 것은 어떤 것을 말할까? 움직이는 것이라고? 다시 한 번 생각해 봐.

움직이는 것이 생물이라면 도로를 달리는 자동차는 생물이고, 땅 위의 소나무는 무생물이겠지. 하지만 그렇지 않잖아? 이렇게 생물을 한 마디로 정의하는 것은 불가능해. 생물은 물질대사와 같은 생명 활동을 해. 물질대사란 생명 유지를 위해 필요한 물질을 섭취하고 불필요한 것을 내보내는 일을 말해. 사람이 음식을 먹고 찌꺼기를 몸 밖으로 내보내는 일 같은 것 말이야. 만일 사람이 음식을 먹지 않는다면 결국 죽게 될 거야. 일단 죽고 나면 아무리 음식을 먹어도 소용이 없게 되지.

소나무도 물질 대사를 하느냐고? 물론이지. 일반적으로 녹색 식물은 흙으로부터 물과 양분을 섭취하고 물과 산소를 내보내.

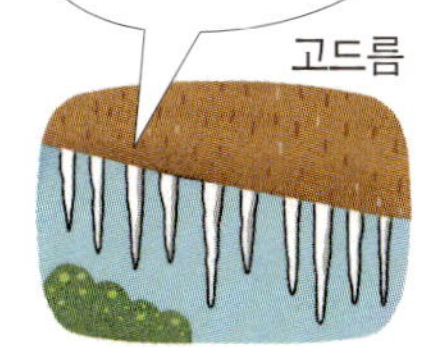


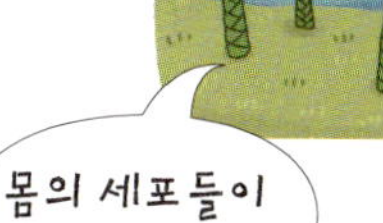


## 생물은 자라지만 무생물은 자라지 않아.

우리 몸이 자라는 것(생장)은 **세포**의 수가 많아지기 때문이야. 하지만 자동차나 바위 같은 무생물은 세포가 없기 때문에 자라지 않지. 그렇다면 한겨울 처마 밑의 고드름도 자라니까 생물일까? 생물은 물질 대사의 결과로 몸이 자라는 것이지만 고드름은 처마에서 떨어지는 물의 양이 많아져서 얼음이 커진 것뿐이지.

또한 생물은 자라다가도 언젠가는 죽어. 그래서 자신을 닮은 자손을 남겨 대를 잇지. 하지만 무생물인 자동차는 자손을 남길 수 없어. 이제 생물과 무생물의 차이를 알겠지?

**세포** 생물의 몸을 이루는 가장 기본 단위로 생물의 물질대사를 조절하는 역할을 한다.

## 아하! 개념

- 움직이는 것만으로는 생물과 무생물을 구별할 수 없다.
- 생물이라고 말할 때의 조건
  - 영양분을 흡수하고 노폐물을 배출한다.
  - 몸이 세포로 이루어져 있다.
  - 물질대사를 통해 생장을 한다.
  - 자손을 낳아 대를 이어간다.

답 : X, O, X

# 움직이는 것은 동물, 움직이지 않는 것은 식물이다(X)

친구들 때문에 산호와 미모사가 안타까워하고 있어. 어떤 사정이 있는 것일까?

산호는 맑고 깨끗한 바다 속에서 사는 동물이야. 한곳에 붙어 살아가지. 언뜻 보면 나뭇가지처럼 보이는 데다가 움직이지 못하기 때문에 산호를 식물로 오해하는 경우가 많지.

미모사도 마찬가지야. 미모사는 예민한 감각을 가지고 있어서 무엇인가 닿으면 순식간에 잎이 오므라들었다가 시간이 지난 후에야 원래 상태로 되돌아와. 이런 움직임 때문에 미모사를 식물로 봐 주지 않지.

하지만 산호와 미모사는 정말 억울해. 동물과 식물을 단순히 움직임 여부로만 판단했기 때문에 생긴 오개념이거든.

그림 속의 친구들이 동물과 식물을 구별하는 기준을 알게 되면 산호와 미모사를 친구로 인정하게 될 거야.

### 나의 오개념을 체크해 보자 

스스로 움직이지 못하면 식물이야. 　○ ✕

식물은 스스로 양분을 얻어. 　○ ✕

## 움직임으로만 동물과 식물을 구별하지 않아.

생물은 크게 동물과 식물로 나눌 수 있어. 흔히 동물은 스스로 움직이고, 식물은 땅에 뿌리를 박고 살아가지. 흔하게 이런 모습을 보다보니 움직이면 동물, 움직이지 못하면 식물이라고 생각하는 경우가 많아.

하지만 그것은 잘못된 생각이야. 산호, **말미잘**, 따개비처럼 바닥에 붙어 움직이지 않는 동물도 있고, 미모사처럼 손으로 건드리면 빠르게 잎을 접거나 파리지옥, 끈끈이주걱처럼 잎을 오므려 곤충을 잡는 식물도 있거든.

그러니 앞으로는 움직임으로 동물과 식물을 구별하지 마.

**고착 생활** 한 곳에 붙어 살아가는 형태로 말미잘, 멍게, 바다나리 같은 동물들이 있다.

## 먹이를 얻는 방법으로 동물과 식물을 구별해.

동물은 움직이고 식물은 움직이지 못한다는 말은 모든 동식물에게 해당되는 말이 아니기 때문에 움직임만으로 동물과 식물을 구별해서는 안 돼. 그렇다면 동물과 식물의 가장 큰 차이점은 무엇일까?

동물과 식물은 먹이를 얻는 방법이 달라. 동물은 식물이나 다른 동물을 잡아먹어서 양분을 얻지만, 식물은 광합성을 통해 스스로 양분을 만들지.

산호를 자세히 들여다보면 입이 있고, 속은 빈 공간으로 이루어져 있어. 산호의 입 주위에는 독이 있는 촉수가 있는데 이 촉수로 작은 먹이를 찔러 마비시킨 후 잡아먹지. 이와 같이 산호는 스스로 먹이를 얻기 때문에 동물이야.

반면에 미모사는 잎을 움직일 수 있지만 광합성을 통해 양분을 스스로 만들어 내기 때문에 식물에 속하는 거야.

식물과 동물을 구별하는 방법! 이제 알겠지?

**말미잘** 바다의 바위 등에 붙어서 산다. 윗부분에 촉수가 있으며 지나가는 작은 생물이 촉수를 건드리면 독침을 쏘아 먹이를 마비시켜 먹는다. 산호와 같은 무리에 속하는 동물이다.

말미잘

산호

## 아하! 개념

- 움직임의 유무는 동물과 식물의 분류 기준이 아니다.
- 영양분을 얻는 방법에 따라 동물과 식물을 분류한다.
- 동물은 스스로 양분을 만들지 못해 다른 생물을 먹으며, 식물은 스스로 양분을 만든다.

답 : X, O

# 3 모든 수컷은 암컷보다 크고 화려하다 (X)

동물 나라 각지에서 때 빼고 광내기 위해 몰려든 수컷들로 사우나는 문전성시를 이루었어. 탐스럽고 멋진 갈기를 가진 사자, 화려한 무늬가 있는 꽁지깃을 가진 꿩, 예쁜 볏을 가진 닭 등이 자신의 몸매를 뽐내며 등장했어. 얼마 만에 하는 사우나인지 다들 기분이 좋은 모양이야.

이때 메뚜기가 모습을 드러냈어. 하지만 다들 나가라며 난리가 났어. 대부분의 수컷은 암컷보다 크기도 클 뿐만 아니라 화려하잖아. 그런데 메뚜기는 그렇지 않으니 암컷이라고 생각한 거지. 메뚜기는 자신도 수컷이라며 소리쳤지만 사우나에 있던 다른 수컷들에 의해 끌려 나가고야 말았지. 하지만 동물의 암컷과 수컷을 구별하는 기준은 몸의 크기나 화려함만 있는 것이 아니야. 몸의 크기나 화려함은 구애 행동과 관련이 있는데, 수컷만 구애 행동을 한다고 생각하기 때문에 이런 오개념을 갖게 된 거야. 암컷과 수컷을 나누는 정확한 기준을 알아보자고.

### 나의 오개념을 체크해 보자 

닭의 암컷에는 볏이 있어.　　　　　　　　◎ ✖

꿩은 화려한 꽁지깃을 펼쳐서 암컷을 불러들여.　　　◎ ✖

수컷만 암컷에게 구애 행동을 해.　　　　　　◎ ✖

## 모든 동물의 수컷이 크고 화려한 것은 아니야.

포유동물이나 새 같은 동물은 대부분 수컷이 암컷보다 크고 화려하지만 모든 종류의 동물들이 다 그런 것은 아니야. 메뚜기나 사마귀와 같은 곤충은 암컷이 더 크지. 메뚜기나 사마귀의 암컷은 알을 낳기 위해 많은 에너지를 필요로 하기 때문에 수컷보다 몸집이 커. 그런데 왜 우리는 수컷이 암컷보다 더 크고 화려하다는 생각을 하게 되었을까? 사자, 닭 등 우리가 흔히 볼 수 있는 동물들의 모습을 보고 모든 동물이 그러하다고 쉽게 단정을 지었기 때문이야.

동물들에게 가장 중요한 것은 자손을 남겨 대를 잇는 거야. 따라서 짝짓기 시기가 되면, 이성에게 더 멋진 모습을 보이기 위해 여러 가지 구애 행동을 해. 멋있게 몸치장을 하거나 멋진 울음소리를 내는가 하면 먹이나 살 집 등으로 유혹을 하기도 하지. 이때 몸의 크기가 크고 화려하면 구애 행동을 하기에 더 유리하겠지.

그런데 구애 행동을 수컷들만 하는 것은 아니야. 나방이나 도롱뇽 등의 암컷은 냄새를 내뿜어 멀리 있는 수컷을 유혹하지.

즉, 동물의 몸의 크기나 화려함이 구애 행동과 밀접한 관련이 있기는 하지만 그 외모로 모든 동물의 수컷과 암컷을 분류하면 안 돼.

## 겉모습만으로 성별의 구분이 힘든 동물도 있어.

겉모습으로 수컷인지 암컷인지 구별할 수 있는 동물이 있는가 하면 잘 구별이 안될 정도로 크기나 생긴새기 비슷한 동물들도 있어. 개, 고양이, 돼지 등이 그렇지. 이런 동물들은 새끼를 낳을 무렵이 되어서야 성별을 알 수 있거나 몸의 내부 구조를 살펴봐야만 알 수 있어. 새끼를 가진 포유류의 암컷은 배가 점점 커져 아래로 처지고, 젖이 부풀어 오르거든. 또 가시고기처럼 평소에는 암컷과 수컷의 구별이 안 되다가 짝짓기 시기에만 구별이 되는 경우도 있어. 암컷은 모습이 변하지 않지만 수컷은 몸의 색이 붉은 색으로 변해.

가시고기의 혼인색

### 아하! 개념

- 모든 동물의 수컷이 암컷보다 크고 화려한 것은 아니다.
- 짝짓기를 위한 구애 행동을 하기에는 몸집이 크고 화려한 것이 더 유리하다.

답 : X, O, X

# 동물은 모두 어미젖을 먹고 자란다 (X)

　얼마 전 복실이가 새끼를 낳았어. 한 번에 다섯 마리나 낳았지. 눈도 뜨지 않은 강아지들은 배가 고픈지 정신없이 엄마 젖을 찾아 물었어. 당분간 강아지들은 젖을 먹어야 한대. 아직은 음식을 소화시키기가 어렵거든. 사람도 태어나서 1년 정도는 엄마 젖을 먹다가 밥을 먹잖아. 같은 이유지.

　그런데 새끼 참새는 왜 저렇게 화가 나 있을까? 엄마가 잡아다 준 벌레가 마음에 들지 않나 봐. 젖을 달라고 조르네. 그러고 보니 엄마 참새는 왜 젖을 주지 않고 벌레를 물어다 주는 걸까? 저 아기 참새들은 태어난지 꽤 시간이 지나서 이젠 더 이상 젖을 먹지 않아도 되는 걸까?

　동물의 번식 방법과 자람에 대해 알아보면 그 이유를 알 수 있을 거야.

## 나의 오개념을 체크해 보자 

모든 동물은 번식을 해. 　　　　　　　　　　　　　○ ✗

동물은 모두 알이나 새끼를 낳아. 　　　　　　　　　○ ✗

갓 태어난 새끼들은 모두 어미젖을 먹고 자라. 　　　○ ✗

## 새끼를 낳는 동물은 어미젖을 먹고 자라.

사람을 포함해 개, 고양이, 소, 말, 양과 같이 흔히 볼 수 있는 동물은 어미가 어린 새끼에게 젖을 먹여 키워. 그렇기 때문에 모든 동물이 젖을 먹고 자란다고 생각하기 쉽지. 하지만 젖을 먹이는 동물은 포유류 한 종류뿐이야.

포유류의 한자를 풀이하면 먹일 포哺, 젖 유乳, 무리 류類, 말 그대로 젖을 먹여 키우는 동물이란 뜻이야. 포유류는 비교적 새끼를 적게 낳고 낳은 후 어느 정도 자랄 때까지는 젖을 먹이며 키우지. 개나 소, 고양이 모두 포유류에 속해.

하지만 포유류를 제외한 새, 물고기, 곤충과 같은 동물들은 알을 낳아 번식해. 알을 낳는 동물에겐 젖이 없지. 비교적 적은 수의 알을 낳는 새는 어느 정도 자랄 때까지는 어미가 먹이를 구해 주며 돌봐주지만, 한 번에 많은 알을 낳는 물고기나 곤충 등은 알에서 깨어난 직후 스스로 먹이를 찾아야 해. 왜냐하면 어미가 수많은 알을 일일이 돌봐주지 못하기 때문이야. 결국 자신이 알아서 살아남아야 하는 거지. 예를 들어 개복치라는 물고기는 한 번에 3억 개의 알을 낳지만 다 자랄 때까지 살아남는 물고기는 겨우 한두 마리에 불과하다고 해.

이제 알겠지? 포유류처럼 새끼를 낳는 동물은 어미젖을 먹고 자라고, 알을 낳는 동물은 어미젖을 먹지 않는다는 것을.

**태생과 난생**  새끼를 낳아 번식하는 방법을 태생, 알을 낳아 번식하는 방법을 난생이라고 한다. 새끼를 낳는 포유류만이 젖을 먹여 새끼를 키운다.

## 모든 동물이 알이나 새끼를 낳아 번식하는 건 아냐!

대부분의 동물은 알이나 새끼를 낳아 번식해. 암컷과 수컷의 짝짓기를 통해 자손을 만들지. 하지만 예외도 있어. 히드라는 몸의 일부가 떨어져 나와 번식을 하고, 플라나리아는 몸이 반으로 나뉘어 새로운 플라나리아가 되지. 즉, 모든 동물이 알이나 새끼를 낳아 번식하는 것은 아니야. 단, 이렇게 번식하는 방법은 하등동물(몸 구조가 간단한 동물)들만 가능해.

**플라나리아의 번식 방법**  플라나리아는 알을 낳아 번식하지만 몸이 나뉘어져 번식하기도 한다. 이러한 번식 방법을 무성생식이라고 한다.

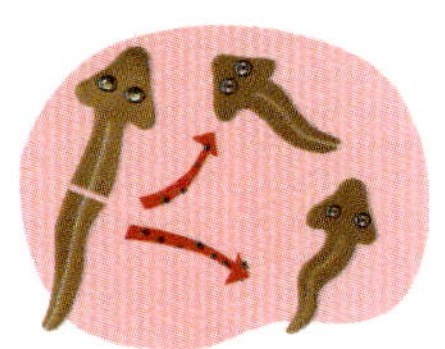

### 아하! 개념

- 모든 동물이 어미젖을 먹고 자라는 것이 아니다.
- 동물들 중에서 포유류만이 젖을 먹여 새끼를 키운다.

답 : O, X, X

# 5 거미는 곤충이다(X)

일 년에 한 번 열리는 곤충들만의 축제! 이 축제에 가면 온갖 곤충을 만날 수 있어. 그런데 가끔 자격이 되지 않는 동물들이 이 축제에 들어오는 경우가 있대. 그래서 올해부터는 축제 장소 입구에 곤충이 아닌 동물이 들어올 경우에 알람이 울리도록 장치를 만들었어.

나비와 잠자리는 무사히 통과했는데 거미가 들어가려고 하니 알람이 울리네? 뒤에서 순서를 기다리던 지렁이나 지네는 무사히 통과할 수 있을까?

거미를 곤충으로 생각하는 건 흔히 말하는 벌레와 곤충의 의미를 잘못 이해해서 생긴 오개념이야. 곤충, 거미, 지렁이, 지네 등 크기가 작은 동물들을 부를 때 벌레라고 하는데 이것은 과학적인 용어가 아니거든. 곤충과 거미를 구별하는 기준을 알면 왜 거미가 곤충들의 축제에 참가할 수 없는지 이유를 알게 될 거야.

### 나의 오개념을 체크해 보자 

지네와 지렁이는 곤충이야.　　　　　　　　　○ ✕

개미는 날개가 없으므로 곤충이 아니야.　　　○ ✕

바퀴벌레는 곤충이야.　　　　　　　　　　　○ ✕

곤충의 몸은 머리, 가슴, 배로 구분돼.　　　　○ ✕

## 거미와 곤충은 몸의 구조가 달라.

거미를 곤충이라고 생각하는 사람이 많은데, 사실 거미는 해로운 곤충을 잡아먹는 곤충의 **천적**이야. 거미와 곤충은 둘 다 몸통과 다리에 마디가 있는 동물이란 뜻의 절지(마디 절節, 다리 지肢)동물에 속해. 거미와 곤충은 몸통과 다리에 마디가 있고, 딱딱한 껍질로 싸여 있는 등 절지동물의 특징을 모두 가지고 있어서 서로 닮은 점이 많지. 하지만 확실히 다른 점은 몸의 구조야. 거미는 몸이 머리가슴, 배의 두 부분으로 나누어져 있고, 다리는 모두 4쌍이며 날개가 없어. 하지만 곤충은 몸이 머리, 가슴, 배의 세 부분으로 나누어져 있고, 3쌍의 다리와 2쌍의 날개가 있어. 그래서 거미는 거미류로, 곤충은 곤충류로 각각 따로 분류하는 거야. 이 외에도 절지동물에는 새우, 게 등의 갑각류, 지네, 노래기 등의 다지류도 속해 있어. 이들은 서로 친척지간이라고 할 수 있지.

> **천적** 어떤 생물을 공격하여 그것을 먹이로 생활하는 생물

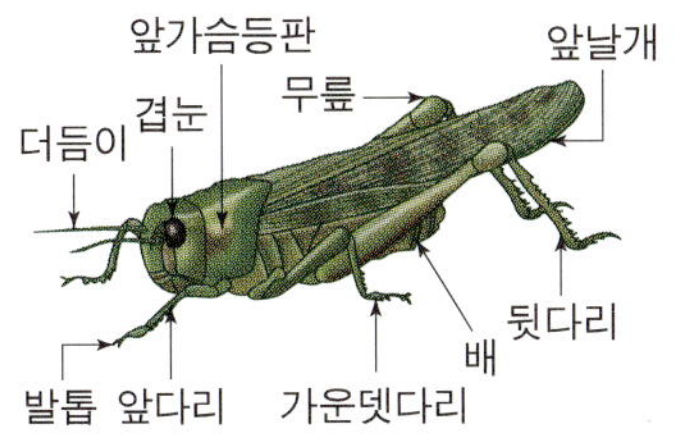


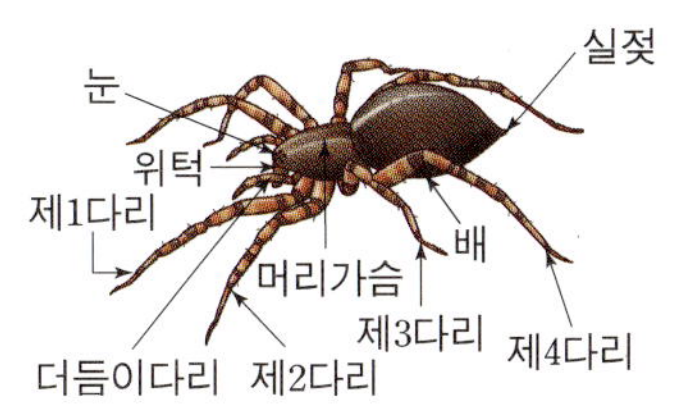


## 날개가 없거나 퇴화한 곤충도 있어.

곤충은 날개가 2쌍이라고 했지? 그런데 초파리는 날개가 1쌍뿐이고 개미는 날개가 없는데도 왜 곤충이라고 부르는 것일까? 이런 곤충들은 오랫동안 쓰지 않아서 날개가 **퇴화**된 경우야. 예를 들어 개미의 경우 짝짓기를 해야 하는 여왕개미나 수개미는 날개가 있지만 짝짓기를 하지 않는 일개미는 날개가 없어. 일개미는 날개를 쓸 일이 없기 때문이지. 또 초파리의 한 쌍의 큰 날개 밑에는 아주 조그만 것이 붙어 있어. 이것은 날개가 퇴화된 것인데, 나는 데 이용하기보다는 균형을 잡아 주는 정도의 역할을 해.

> **퇴화(退化)** 원래 있던 생물의 기관이나 기능이 환경이나 생활 방식의 변화로 인해 더 이상 필요 없게 되어 제 기능을 하지 못하는 현상. 사람의 맹장, 동이근(귀를 움직이게 하는 근육), 꼬리뼈 등이 이에 속한다.

## 아하! 개념

- 거미와 곤충은 같은 절지동물에 속하지만, 거미는 곤충이 아니다.
- 거미는 머리가슴, 배 두 부분으로 나뉘고, 곤충은 머리, 가슴, 배 세 부분으로 나뉜다.
- 거미는 다리가 4쌍이며 날개가 없지만, 곤충은 다리가 3쌍이며 날개가 2쌍이다.

답 : X, X, O, O

# 6 하루살이는 하루만 산다(X)

모두들 곤히 잠든 한밤중, 곤충 둘이 하루살이네 집으로 쑥 들어왔어. 하루살이네 물건을 훔치러 온 도둑들이지.

그런데 도둑들의 표정이 좀 달라 보여. 뒤에 서 있는 파리는 들킬까 봐 조마조마해하고 있는데, 모기는 아무런 걱정이 없어 보여. 하루살이가 내일이면 죽을 거라고 확신했기 때문이야. 하룻밤만 잘 버티면 잡히지 않을 거라며 큰소리쳤지. 모기는 하루살이의 이름을 보고 하루만 살 거라고 생각했거든.

그런데 모기의 생각이 틀렸다면 어떻게 될까? 만일 하루살이가 파리와 모기의 얼굴과 목소리를 기억했다가 내일 죽지 않고 경찰에 신고라도 한다면 말이야.

사실 하루살이는 하루보다 더 오래 산대. 그런데도 하루살이라는 이름이 붙게 된 이유는 무엇일까? 하루살이의 한살이 과정을 알고 나면 이름을 다시 지어줘야 할지도 몰라.

### 나의 오개념을 체크해 보자 

하루살이는 하루만 살기 때문에 하루살이야.   ◎ ✖

모든 곤충은 알 → 애벌레 → 번데기 → 어른벌레의 시기를 거쳐.   ◎ ✖

## 하루살이는 하루보다 더 오래 살아.

하루살이는 영어로는 ephemeral(이페머럴)이라고 하는데, 그리스어의 ephēmeros(겨우 하루 목숨이라는 뜻)에서 유래되었다고 해. 대부분 사람들은 하루살이가 정말 하루만 산다고 생각하고 있어. 하지만 하루살이를 연구한 곤충학자들에 의하면, 하루살이 어른벌레의 수명은 한 시간에서 20일에 이르기까지 다양하다고 해. 그런데 왜 이런 이름이 붙었을까? 하루살이는 대를 잇기 위해 짝짓기를 하는 데에만 온 힘을 쏟고 생을 마치지. 또 하루살이는 입이 퇴화되어 먹이를 먹을 수 없다고 해. 그래서 오래 살지 못하는지도 몰라. 하지만 하루살이의 한살이 과정을 살펴보면, 하루살이의 수명은 약 2년 정도로 꽤 길다는 것을 알 수 있어.

## 하루살이는 불완전 변태를 해.

비록 하루살이가 어른벌레로 지내는 서기는 매우 짧지만, 한살이 과정을 살펴보면 꽤 오래 사는 곤충인 것을 알 수 있어. 하루살이는 보통 물속에 알을 낳아. 알이 깨어나는 데는 보통 한 달 정도 걸리고, 애벌레가 어른벌레로 크기까지는 2년 정도 걸리지. 물가에서 날아다니는 하루살이를 본다면 아주 오랜 시간을 애벌레로 지낸 곤충이었다는 것을 기억해 주고 격려해 줘.

**불완전 변태와 완전 변태**
하루살이나 잠자리, 매미, 메뚜기처럼 알 → 애벌레 →어른벌레의 과정을 거치는 한살이 과정을 불완전 변태라고 하고, 나비, 벌처럼 알 → 애벌레 → 번데기 →어른벌레의 과정을 거치는 한살이 과정을 완전 변태라고 한다.

### 아하! 개념

- 하루살이가 어른벌레로 지내는 시기는 짧지만, 한살이 과정은 약 2년 정도로 긴 곤충이다.
- 번데기 과정을 거치는 한살이 과정을 완전 변태, 그렇지 않은 것을 불완전 변태라고 한다.

답 : X, X

# 7 식물이 많은 곳은 건강에 좋다(X)

수목원이 나들이 장소로 왜 그렇게 인기가 많은지 알고 있니? 수목원에 가면 기분이 매우 상쾌하고 머리가 맑아지는 것을 느껴. 수목원의 식물들이 광합성을 하면서 산소를 많이 만들어 내서 그런가 봐. 수목원에 다녀온 개념이는 집에서도 수목원에서의 기분을 느껴보고 싶었어. 그래서 집에 있는 모든 화분을 방 안에 가져다 놓았지. 개념이 방은 화분으로 가득 찼어.

어느덧 밤이 되었어. 잠을 청하던 개념이는 기분이 이상해졌어. 수목원에서처럼 신선한 공기를 느낄 수 없었기 때문이야. 왜 그런 걸까?

식물이 산소를 만들기 때문에 식물이 많은 곳은 모두 좋을 거란 생각은 식물이 산소를 만드는 데 필요한 조건을 모르기 때문에 생긴 오개념이야. 식물의 호흡에 대해 알면 궁금증은 시원하게 풀릴 거야.

## 나의 오개념을 체크해 보자 

식물도 호흡을 해.     ○ ✕

식물은 항상 산소를 만들어 내.     ○ ✕

식물은 낮에는 광합성만 해.     ○ ✕

낮에 일어나는 호흡이 광합성보다 더 활발해.     ○ ✕

## 식물은 산소를 만들어 내.

17세기 영국의 과학자인 프리스틀리는 식물이 만들어 내는 기체가 무엇인지에 대해 관심이 많았어. 그래서 그는 아래의 그림과 같이 양초, 쥐, 식물과 양초, 식물과 쥐, 총 4개의 실험 장치를 만든 후 각각 투명한 유리 종을 씌워서 그 안의 변화를 관찰해 보았어.

프리스틀리의 실험 - 식물이 있을 때와 없을 때 양초와 쥐의 변화

어느 정도 시간이 지난 후, ①에서는 촛불이 꺼지고, ②에서는 쥐가 죽었어. 하지만 ③에서는 양초가 계속 타고 있었으며, ④에서는 쥐가 계속 살아 있었어. 왜 이런 결과가 나왔을까?

양초가 타고, 쥐가 숨을 쉬기 위해서는 산소가 필요해. 그렇기 때문에 ①, ②에서는 양초가 타고 쥐가 숨을 쉬는 데 유리 종 안의 산소가 모두 사용되었지만, ③, ④에서는 유리 종 안에 계속 산소가 있었던 거야.

이것으로 양초가 타기 위해 필요한 산소가 식물을 통해 만들어졌다는 것을 알 수 있어. 또, 쥐가 살 수 있게 해 준 산소도 식물을 통해 만들어졌다는 것도 알 수 있지. 즉, 식물은 산소를 만들어 낸다는 거야.

> **연소** 물질이 빛과 열을 내며 타는 현상을 말한다. 연소에는 '탈 물질', '발화점 이상의 온도', '산소'가 필요하다.

## 식물은 햇빛이 있어야 산소를 만들 수 있어.

7년 후, 네덜란드의 과학자인 잉겐호우스는 식물이 밤낮과 관계없이 항상 산소를 만들어 내는지에 대해 궁금했어. 그래서 그는 프리스틀리의 실험 장치를 이용해 빛이 있을 때와 없을 때 결과는 어떻게 될지에 대해 실험을 했어. 식물과 양초, 식물과 쥐를 넣은 유리 종을 2개씩 만들어서 한 쌍은 햇빛을 가리고, 다른 한 쌍은 햇빛이 잘 비치는 곳에 두고 시간에 따른 변화를 관찰했지.

잉겐호우스의 실험 - 햇빛의 유무에 따른 쥐와 양초의 변화

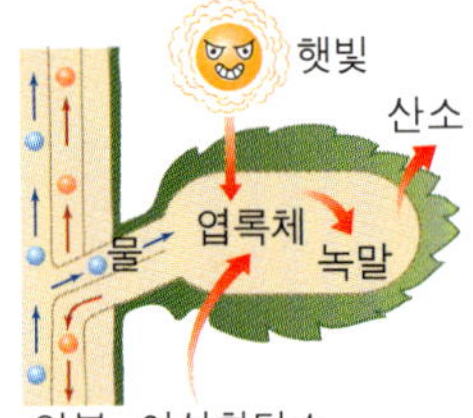


**광합성** 식물이 햇빛을 받아 양분을 만드는 것을 광합성이라고 한다. 광합성의 결과 산소가 만들어진다.

실험 결과 햇빛을 가린 장치에서는 쥐가 죽고, 양초도 꺼졌어. 산소가 만들어지지 않아서 쥐가 숨을 쉬면서 유리 종 안의 산소가 점점 줄어들어 결국 죽게 되었고, 양초도 꺼지게 된 거야. 이 결과를 보고 잉겐호우스는 식물은 빛이 있어야 산소를 만든다는 결론을 내렸어.

프리스틀리와 잉겐호우스 모두 식물이 산소를 만들어 낸다는 것은 알고 있었지만, 이러한 작용이 어떻게 일어나는지는 잘 알지 못했어. 몇 백 년이 지난 후에야 이러한 작용을 **광합성**이라고 한다는 것을 알게 되었지. 광합성은 식물이 햇빛을 이용하여 물과 **이산화탄소**를 양분과 산소로 변화시키는 과정이야. 그렇다면 햇빛이 없는 밤에는 광합성이 일어나지 않겠지.

**이산화탄소** 색깔과 냄새가 없는 기체로 탄소나 탄소 화합물이 완전 연소하거나 생물이 호흡하거나 발효할 때 생긴다.

## 식물도 동물과 마찬가지로 낮이나 밤이나 숨을 쉬어.

그런데 식물은 광합성만 할까? 식물도 생물이니까 숨을 쉬어야 살 수 있어. 즉, **호흡**을 한다는 거야. 우리는 산소를 들이마시고 이산화탄소를 내보내면서 호흡을 해. 식물도 마찬가지야. 동물과 똑같이 매일 산소를 들이마시고, 이산화탄소를 내보내면서 호흡을 하지.

그럼 낮과 밤으로 나누어 생각해 보자. 햇빛이 있는 낮에는 식물이 광합성을 통해 만들어 내는 산소가 호흡을 통해 소모되는 산소보다 많기 때문에 산소를 내보내게 되는 것이지.

반대로 햇빛이 없는 밤에는 광합성이 일어나지 않기 때문에 호흡만 하게 돼. 그러니 식물은 산소를 소모하고 이산화탄소를 내보내. 따라서 공기가 통하지 않고 식물이 많은 방에서는 밤이 되면 수목원에서처럼 산소가 풍부한 공기 대신 이산화탄소가 많은 공기가 나와.

**호흡** 산소를 들이마시고 이산화탄소를 내쉬면서 생명체에 필요한 에너지를 만드는 과정을 말한다.

## 아하! 개념

- 밤에는 햇빛이 없어서 광합성이 일어나지 않는다.
- 식물은 광합성을 하면 산소를, 호흡을 하면 이산화탄소를 만들어 낸다.

답 : O, X, X, X

# 삼림욕의 효과

식물이 만들어 내는 것은 산소뿐일까? 개념이가 수목원에 갔을 때 머리가 맑아지는 것을 느꼈다고 했지? 그건 나무가 만들어 내는 피톤치드라는 물질 때문이야.

피톤치드는 식물이 병균, 해충, 곰팡이 등으로부터 자신을 방어하기 위해 만들어 내는 방어 물질인데, 피톤치드의 대표적인 성분에는 테르펜과 멘톨이라는 물질이 있어.

테르펜은 먼지 섞인 공기를 마실 때 80%의 공기를 정화하는 능력이 있고, 살균작용, 노폐물 배출, 혈압을 낮추는 역할을 해. 또 몸 속의 피를 맑게 해 주지. 멘톨은 피부에 닿으면 시원한 느낌을 주고, 기관지를 튼튼하게 하며, 신경 안정, 스트레스 해소 기능이 있다고 해. 또 자폐증상이 있는 어린이나 우울증에 걸린 사람들에게 적극성과 자신감을 갖게 해 준대.

피톤치드는 어린 나무보다는 오래된 나무, 활엽수보다는 편백, 측백나무, 삼나무, 소나무, 잣나무 같은 침엽수에서 더 많이 만들어진다고 해. 우리 조상들이 송편을 만들 때 솔잎을 넣었던 이유도 솔잎에 들어 있는 피톤치드 성분으로 인해 살균 작용을 하고, 더 오래 보관할 수 있다는 것을 경험했기 때문이야.

숲 속에서 우리 몸에 이로운 피톤치드 물질을 들이마시는 일을 삼림욕이라고 해. 그런데 삼림욕을 아무 때나 해도 효과가 있을까? 나무들이 피톤치드를 내뿜는 작용은 아침에 가장 활발하고, 바람이 불면 날아가 버리기 때문에 바람이 없는 날, 오전 10~11시 사이가 가장 좋아. 효과적인 삼림욕을 위해서 나무들 사이를 뛰어다니거나 체조, 스트레칭, 복식호흡 등을 하면 피톤치드를 더 많이 흡수할 수 있다고 해. 일요일 아침에 늦잠 자지 말고, 부모님과 함께 가까운 산에 올라 삼림욕을 하면 좋겠지?

# 씨가 싹트려면 빛이 필요하다(X)

　어느 화창한 일요일, 황당이는 아빠와 함께 텃밭에 강낭콩을 심었어. 아빠는 일일이 땅에 조그만 구멍을 파서 강낭콩을 심으시고, 황당이는 뒤따라서 물을 주기로 했지. 그러나 황당이는 아빠의 행동을 이해할 수 없었어. 식물은 햇빛을 받아야 잘 자란다고 알고 있었는데, 아빠는 오히려 강낭콩을 흙으로 덮어 버리셨거든. 황당이는 아빠가 씨앗을 심는 방법을 잘 모른다고 생각했어.

　그래서 아빠 몰래 강낭콩을 땅 속에서 빼내기로 했지. 불쌍한 강낭콩! 싹 한번 틔워보지도 못하고 새의 먹이가 되어야 한다니…….

　황당이는 식물이 자랄 때의 조건과 싹이 틀 때의 조건이 같다고 생각했나 봐. 싹이 트기 위해서 무엇이 필요한지 정확히 알면 아빠의 행동을 이해하고 이런 실수를 저지르지 않았을 텐데.

### 나의 오개념을 체크해 보자 

강낭콩을 접시에 담아 물을 준 후 냉장고에 넣으면 싹이 터.　　　　◎ ✕

강낭콩 싹이 트려면 물이 필요해.　　　　◎ ✕

강낭콩은 햇빛을 받아야 싹이 잘 터.　　　　◎ ✕

## 싹을 틔우려면 물, 적당한 온도, 산소가 필요해.

접시 두 개에 각각 강낭콩을 놓고 한 곳에만 물을 주는 실험을 해 볼까? 물을 주지 않은 강낭콩은 결코 싹이 트지 않지만, 물을 준 강낭콩은 점점 부풀어 오르면서 싹이 터. 또 물을 준 강낭콩이라도 냉장고같이 추운 곳에 넣어 두면 싹이 잘 트지 않아. 식물마다 차이는 있지만, 보통 15~25℃에서 싹이 잘 트지. 이 실험으로 싹이 트기 위해서는 물과 적당한 온도가 필요하다는 것을 알 수 있어.

싹이 트기 위해 또 필요한 것이 있는데 바로 산소야. 씨도 호흡을 하기 때문이지. 만약 씨를 물속에 두거나 땅에 묻은 후 꼭꼭 누른다면 산소가 통하지 않아서 싹이 틀 수가 없어. 이때 빛은 식물이 자랄 때에는 꼭 필요하지만, 싹이 트는 데에 반드시 필요한 조건은 아니야.

**빛과 싹트기의 관계** 금어초, 잔디, 상추 등은 빛을 쪼이면 싹트는 속도가 조금 빨라지고, 맨드라미, 백일홍 등은 빛을 쪼이면 오히려 싹트는 속도가 조금 느려지기도 한다.

## 식물은 힘들게 싹을 틔워.

한 알의 콩에서 싹이 터서 자라 열매를 맺으면, 몇십 배나 되는 많은 열매가 달리게 돼. 하지만 모든 열매에서 싹이 트는 것은 아니야. 동물에게 먹히거나, 돌이나 건물 등에 떨어지거나 온도나 습도 등이 적당하지 않으면 씨앗은 그대로 생명을 잃게 되지. 그래서 식물들은 최대한 씨를 많이 만들어서 멀리까지 퍼뜨리려고 해. 그래야만 살아남을 수 있는 확률이 높아지거든. 이게 다 자손을 남기는 의무를 성심껏 다하기 위한 노력이지.

### 아하! 개념

- 씨가 싹트기 위해서 빛이 꼭 필요한 것은 아니다.
- 씨가 싹트기 위해서는 물과 적당한 온도, 산소가 필요하다.
- 싹이 튼 이후에는 햇빛을 받아야만 식물이 잘 자란다.

답 : X, O, X

# 식물은 흙 속의 먹이를 먹고 자란다 (X)

물에서 식물을 키워 본 적이 있니? 물만 먹으면서 식물은 과연 얼마나 버틸 수 있을까? 흙이 없는 곳에서 살면 흙 속의 양분을 먹지 못해 식물이 결국 굶어 죽을 것 같아. 그러고 보니 물 화분에서 자라는 식물이 제법 건강해 보이네. 부레옥잠이나 개구리밥 같은 식물이 물 위에서 사는 걸 보면 흙이 없어도 식물은 잘 자라는 것 같기도 하고…… 정말 헷갈리네.

우리는 흔히 뿌리로 흙 속에 있는 양분을 반드시 흡수해야 식물이 살 수 있다고 생각해. 생물이 자라고 살아가기 위해서는 먹이가 필요한데 식물은 눈으로 보기에 무언가 먹는 것처럼 보이지 않으니 흙 속의 먹이를 먹는 거라고 생각한 거지. 뿌리는 물을 흡수하고, 식물을 지지해 주는 역할을 할 뿐 먹이와는 아무 관계가 없어. 식물이 무엇을 먹고 살아가는지 알게 되면 그게 아니라는 것을 알 수 있을 거야.

## 나의 오개념을 체크해 보자 

식물도 동물처럼 외부의 먹이를 먹고 살아.  ◎ ✖

식물은 스스로 양분을 만들 수 있어.  ◎ ✖

## 식물은 흙을 먹고 사는 것이 아니야.

식물이 흙 속의 양분을 먹고 자란다는 생각을 깨뜨린 사람이 바로 헬몬트라는 과학자야. 그는 식물이 흙 속의 먹이를 먹는다면 식물이 자람에 따라 흙의 양이 줄어들 것이라 생각했지. 그래서 화분에 어린 버드나무를 심고 5년 동안 물만 주어 기르는 실험을 했어. 물론 화분 속 흙의 무게와 버드나무의 무게를 재고 말이야. 5년 후 다시 흙의 무게와 버드나무의 무게를 재보았더니 흙의 무게는 0.06kg이 줄어든 반면에, 버드나무는 74.47kg이나 증가했어. 이 결과를 통해 헬몬트는 식물이 자라는 데 필요한 모든 양분은 흙이 아니라 물에서 얻는다는 결론을 내었지.

버드나무의 무게 : +74.47kg
흙의 무게 : −0.06kg

## 식물은 광합성을 통해 스스로 양분을 만들어.

헬몬트가 내린 결론은 이전의 생각보다 많이 발전했지만, 식물의 먹이에 대한 완벽한 답은 아니야. 식물은 물에서 양분을 얻지만 식물을 구성하는 나머지 성분들인 단수화물, 단백질, 지방 같은 물질들은 어떻게 만들어질까? 놀랍게도 식물은 자신에게 필요한 양분을 스스로 만들어. 엽록소, 물, 이산화탄소, 빛만 있으면 광합성을 통해 스스로 양분인 녹말을 만들어 내지. 즉, 식물의 뿌리는 광합성의 재료가 되는 물을 흡수하는 일을 할 뿐, 흙 속의 먹이를 먹는 것이 아니야.

그렇다면 꽃집에서 사온 꽃다발을 꽃병에 담았을 때 일찍 죽는 이유는 무엇일까? 그건 뿌리가 없기 때문에 식물이 살아가는 데 필요한 물을 충분히 흡수하지 못하기 때문이야.

### 아하! 개념

- 식물이 자라는 데 물이 필요하다.
- 식물은 광합성을 통해 양분을 스스로 만드는 것이지 흙 속의 먹이를 먹는 것이 아니다.

답 : X, O

# 10 밥을 물에 말아먹으면 소화가 잘 된다(X)

매일 아침 늦잠으로 허둥지둥하는 개념이. 그래도 아침밥은 꼭 먹어야겠지? 시간에 쫓기다 보니 아침마다 밥을 물에 말아 먹게 돼. 물에 말아 후루룩 먹으면 목으로도 잘 넘어가니까 빨리 먹을 수 있고, 물과 함께 먹으니 소화도 잘 되는 것 같기 때문이지.

글쎄, 정말 그럴까? 개념이가 소화제를 찾고 있는 걸로 보아 소화가 잘 되지 않나 본데……

맞아, 물과 함께 먹으면 소화가 더 잘 될 것 같다는 생각은 음식물의 소화 과정을 정확히 모르기 때문에 가진 오개념이야. 밥을 물에 말아 먹는 습관은 오히려 소화 능력을 떨어뜨린다는거, 너희는 알고 있니? 이건 개념이가 꼭 고쳐야 할 습관이야.

음식물의 소화 과정을 제대로 알고 건강한 식습관을 갖도록 하자.

## 나의 오개념을 체크해 보자 

식사할 때 물을 먹으면 소화가 잘 돼.    ◎ ✗

배를 내놓고 자면 배탈이 나.    ◎ ✗

음식을 꼭꼭 씹어먹어야 소화가 잘 돼.    ◎ ✗

## 음식을 소화시키기 위해서는 소화효소가 필요해.

우리가 살아가는 데 필요한 영양소에는 단백질, 탄수화물, 지방, 비타민, 무기질이 있어. 이 영양소는 음식 속에 들어 있지. 음식 속에 들어 있는 탄수화물, 지방, 단백질은 너무 큰 덩어리이기 때문에 잘게 부서져야만 우리 몸에 흡수될 수 있어. 이렇게 몸에 흡수할 수 있도록 잘게 부서지는 작용을 소화라고 해. 그런데 소화에는 소화를 도와주는 친구가 있어야 해. 바로 소화효소지. 입에서 분비되는 침, 위에서 분비되는 위액, 장에서 분비되는 장액 등에 들어 있어. 소화효소는 양분이 더 작은 물질로 분해되도록 도와주는 역할을 해. 밥을 오랫동안 씹고 있으면 단맛이 나지? 그건 침 속에 들어 있는 소화효소가 탄수화물을 잘게 분해해서 단맛이 나는 물질로 바꾸어 주기 때문이야.

## 밥을 먹을 때 물을 마시면 소화효소의 능력이 떨어져.

그런데 밥을 물에 말아 먹으면 물에 의해 소화효소가 희석되어 음식을 분해하는 능력이 떨어져. 그래서 식사 전후에 물을 많이 마시는 것은 좋지 않아. 또 꼭꼭 씹지 않고 음식을 넘기는 것도 소화 작용을 방해해. 소화효소들이 음식에 많이 달라붙어야 소화가 빠르고 효과적으로 일어날 수 있기 때문이야. 밥을 급히 먹을 때 잘 체하는 것도 같은 이유야. 또, 소화효소는 체온 정도의 온도에서 활발히 작용해. 너무 찬 음식을 먹거나 배를 내놓고 자면 소화효소가 잘 작용하지 못해 배탈이 나기 쉬우니 조심해야 돼.

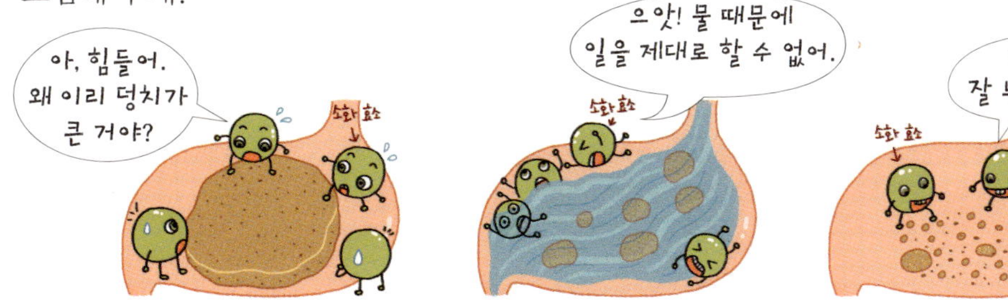


### 아하! 개념

- 음식을 소화하는 데에는 소화효소가 필요하다.
- 밥을 먹을 때 물과 함께 먹으면 소화효소가 희석되어 소화 능력이 떨어진다.
- 음식은 꼭꼭 씹어야 소화효소와 잘 섞여 소화가 잘 된다.

답 : X, O, O

# 동물의 피는 사람과 마찬가지로 빨갛다 (X)

무더운 여름, 귓가에 윙윙거리는 모깃소리가 들리면 잠자기는 다 틀렸지. 게다가 한 방이라도 물리고 나면 더욱이 모깃소리를 지나칠 수가 없게 돼. 재빠르게 모기를 때려잡았다 하더라도 시뻘건 피를 보면 어떨 땐 분하기까지 하지. 그건 이미 모기의 식사가 되어버린 소중한 내 피일 테니까……. 그렇다면 모기 피는 어디에 있는 것일까?

모기에 물리기 전에 모기를 잡으면 우리는 빨간색 피를 볼 수 없어. 분명히 모기도 동물이니까 피가 있을 텐데 말이야. 혹시 모기의 피를 찾아보면서 우리가 빨간색을 기대한 것은 아닐까?

흔히 피 하면 빨간색을 떠올리지만, 그건 다양한 동물들의 피의 구성 성분을 잘 알지 못해서 가지는 오개념이야. 동물들의 피를 구성하는 성분은 무엇이며, 또 그에 따라 동물들의 피 색깔은 어떻게 다른지 알아보자.

### 나의 오개념을 체크해 보자 

| | |
|---|---|
| 모기의 피는 빨간색이야. | ◎ ✖ |
| 오징어의 피는 검정색이야. | ◎ ✖ |
| 피는 산소와 이산화탄소를 운반해. | ◎ ✖ |

## 피의 색깔이 붉은 것은 적혈구 속에 들어 있는 헤모글로빈 때문이야.

피의 구성 요소 중 대부분을 이루고 있는 것은 오목한 원반 모양으로 생긴 적혈구(붉을 적赤, 피 혈血, 공 구球)야. 혈액 1mm$^3$당 450만~500만 개나 들어 있지. 적혈구는 이름 그대로 붉은색을 띠는 혈구야. 그 속에 **헤모글로빈**이라는 색소가 있는데, 이것이 붉은색의 주범이야.

적혈구는 우리 몸의 각 부분에 산소를 공급해 주고, 세포에서 이산화탄소를 받아 오는 일을 해. 더 자세히 말하자면 적혈구 속 헤모글로빈이 산소를 운반하는 역할을 하지. 헤모글로빈에는 철 성분이 포함되어 있는데, 철이 공기 중의 산소와 만나면 붉게 녹이 스는 것처럼 이 철과 산소가 결합하면 붉은색을 띠게 돼.

그런데 헤모글로빈은 모든 동물에게 있지 않아. 척추동물의 피 속에만 들어 있어. 그래서 개, 고양이, 새, 뱀, 개구리, 물고기 등에게서는 빨간색 피를 볼 수 있지만, 곤충이나 게 같은 동물에게서는 빨간 피를 볼 수 없는 것이지.

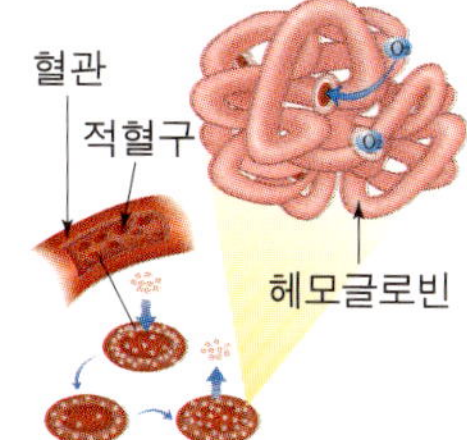


**헤모글로빈** 척추동물의 적혈구 속에 다량으로 들어 있는 색소 단백질로 산소를 운반하는 일을 한다.

## 모든 동물의 피가 빨간 것은 아니야.

헤모글로빈을 가지고 있는 동물들의 피가 빨간색이라면 헤모글로빈을 가지고 있지 않은 동물들의 피의 색깔은 어떠할까? 헤모글로빈이 척추동물의 피 속에 들어 있는데 반해, 무척추동물의 피 속에는 헤모글로빈이 없어. 바로 곤충, 새우, 게, 낙지 등의 무척추동물의 피는 투명하기 때문에 피가 없는 것처럼 보일 수도 있어. 이것은 혈액 속에 **헤모시아닌**이라는 무색 투명한 물질이 들어 있기 때문이야. 헤모시아닌은 산소와 만나면 옅은 푸른색이나 누런색으로 변해. 헤모시아닌 속에는 철 대신 구리가 들어 있기 때문이야. 그래서 우리 눈으로는 무척추동물의 피를 보기가 힘들어.

**헤모시아닌** 구리를 함유한 단백질로, 갑각류나 연체동물의 혈액에 들어 있으며 산소를 운반하는 역할을 한다.

### 아하! 개념

- 피가 붉게 보이는 것은 적혈구 속에 들어 있는 헤모글로빈 때문인데, 척추동물의 피 속에 들어 있다.
- 헤모글로빈은 산소를 운반하는 역할을 한다.
- 무척추동물의 피에는 헤모글로빈이 없기 때문에 붉게 보이지 않는다.

답 : X, X, O

# 오줌, 똥, 땀은 모두 배설물이다(X)

저런, 잠시 딴 데 정신이 팔려 있던 황당이가 개똥을 밟고 말았어. 똥 밟았다고 소리치는 황당이 옆에 있던 고상이는 똥이란 말 대신 수준 있어 보이도록 배설물이란 말을 쓰라고 하네.

배설물? 꽤 고상해 보이기는 한데, 그게 과연 옳은 표현일까? 고상이는 똥도 우리 몸에서 만들어지는 거니까 배설물에 포함된다고 주장하고 있어.

하지만 그건 고상이가 배설 과정을 잘 모르기 때문에 가지게 된 오개념이야. 사실 일상생활에서는 오줌, 똥, 땀을 배설물이라고 하는 건 옳지만, 과학적으로 똥은 배설물이라고 말하면 안 되거든.

오줌과 똥은 생성되는 과정이 달라. 배설의 정의와 배설물이 만들어지는 과정을 알게 된다면 왜 똥이 배설물이 아닌지 알게 될 거야.

### 나의 오개념을 체크해 보자

땀과 오줌의 대부분은 물이야.    ◎ ✖

똥은 음식물 찌꺼기가 몸 밖으로 나온 거야.    ◎ ✖

오줌은 되도록 참는 것이 좋아.    ◎ ✖

## 오줌은 배설되고, 똥은 배출되는 거야.

　물질대사 결과 우리 몸에 필요한 에너지를 만들어 내는 과정에서 불필요하거나 해로운 물질이 생겨. 예를 들면, 이산화탄소나 암모니아 같은 것들이야. 특히 암모니아는 우리 몸에 매우 해롭기 때문에 간에서 독성이 덜한 요소로 바뀌지. 이러한 물질들을 노폐물이라고 말해. 만일 우리 몸에 노폐물이 쌓이면 위험해질 수 있어. 그래서 제때 밖으로 내보내 줘야 해.



　그러면 어떻게 노폐물이 몸 밖으로 빠져나갈까? 노폐물들은 온몸을 도는 혈액 속에 포함된 채 신장으로 보내져. 그러면 신장은 혈액 속의 노폐물을 걸러 깨끗한 피로 만드는 일을 하지. 노폐물은 수뇨관과 방광을 거쳐 요도를 통해 밖으로 나가게 돼. 자, 이즈음에서 그 노폐물의 형태가 오줌이란 걸 알아차릴 수 있겠지? 또 요소는 땀의 형태로도 내보내져. 땀은 땀샘에서 만들어져서 땀구멍을 통해 몸 밖으로 나가. 오줌이나 땀과 같이 몸에서 만들어진 해로운 물질이 몸 밖으로 내보내지는 것을 배설이라고 해.



　그런데 똥은 땀이나 오줌과는 그 의미가 달라. 똥은 소화 과정에서 소화 흡수되고 남은 음식물의 찌꺼기가 단순히 몸 밖으로 나오는 것이야. 이것은 배출이라고 해.

## 오줌과 땀은 우리 몸의 노폐물을 내보내고, 땀은 체온 조절도 해 줘!

　오줌과 땀은 성분이 거의 비슷해. 사람의 오줌은 95% 이상이 물이고, 나머지 5% 이하가 무기 염류, 요소 등으로 되어 있어. 땀은 99%가 물이라서 오줌보다 농도는 약해. 우리 몸의 노폐물과 여분의 물을 몸 밖으로 내보내는 일을 하는 것 외에도 땀은 체온을 조절하는 역할을 해. 무더운 여름날이나 운동을 했을 때 땀이 나지? 땀이 증발하면서 피부의 열을 함께 가져가기 때문에 체온이 계속 올라가는 것을 막아 줘.

### 아하! 개념

- 배출은 소화관에서 흡수되고 남은 음식찌꺼기를 몸 밖으로 내보내는 것이고, 배설은 몸 속의 노폐물을 몸 밖으로 내보내는 것이다.
- 과학에서는 오줌과 땀만을 배설물이라고 한다.
- 땀은 노폐물을 내보낼 뿐만 아니라 체온 조절을 해 준다.

답 : O, O, X

# 분해자는 생태계에서 필요 없다(X)

생태계에 생산자와 소비자, 분해자가 서로 도와가며 평화롭게 살고 있었어.

그러던 어느 날 이들 사이에 다툼이 생기기 시작했어. 저마다 생태계에서 자신의 역할이 더 중요하다며 서로를 비난했던 거야. 마침내 생태계에서 가장 필요 없는 역할자를 투표로 정하고 그것들을 생태계에서 쫓아내기로 했어.

투표 결과, 안타깝게도 분해자가 정해졌어. 왜냐하면 다른 생물들은 보기에도 아름답고 생태계에서 하는 일이 많은데, 여기저기에 피어 있는 곰팡이나 세균 같은 분해자는 음식을 상하게 하는 등 피해만 주는 존재라고 생각했기 때문이야. 하지만 이건 분해자가 얼마나 중요한 일을 하는지 잘 모르기 때문에 벌어진 일이야.

분해자는 생태계에서 없어서는 안 될 중요한 구성 요소거든. 분해자가 없는 지구는 상상할 수 없어. 봐, 억울하게 생태계를 떠난 곰팡이와 세균이 없는 생태계의 모습이 어떤지. 정말 형편없지? 분해자가 하는 일이 무엇인지 알아내어 쫓겨난 분해자들을 다시 데려오자.

## 나의 오개념을 체크해 보자 

버섯은 스스로 양분을 만들 수 있어.　　　　　　　　◎ ✕

토양은 분해자야.　　　　　　　　◎ ✕

생태계를 이루는 생물은 생산자, 소비자, 분해자로 구성돼.　　　　　　　　◎ ✕

## 지구는 하나의 커다란 생태계야.

생태계는 여러 환경요소와 생물들이 서로 조화를 이루며 살아가는 곳이야. 환경이 생물에 영향을 주기도 하고, 반대로 생물이 환경에 영향을 주기도 해. 또 생물과 생물 사이에도 서로 영향을 주고받지. 예를 들어 햇빛은 식물이 광합성을 하는데 필요하고, 낙엽은 토양을 구성하는 성분이 돼. 또 생물들 간에는 먹고 먹히는 관계, 도움을 주는 관계 등을 이루고 살고 있어.

생태계는 빛, 온도, 토양, 물 등의 환경요소와 모든 생물 구성원으로 이루어진 생물요소로 나뉘어. 그 중 생물은 다시 생산자, 소비자, 분해자로 나뉘지. 이렇게 나누는 기준은 양분을 얻는 방법이야. 생산자는 광합성을 해서 스스로 양분을 만들어 내는 식물을 말하고, 소비자는 식물을 먹고 사는 초식 동물과 다른 동물을 잡아먹는 육식 동물을 말해. 분해자는 생산자인 식물과 소비자인 동물의 사체나 배설물을 무기물로 분해해 다시 환경으로 되돌려 보내는 버섯, 세균, 곰팡이 등을 말하지.

## 분해자가 없으면 지구는 온통 쓰레기장이 될 거야.

곰팡이나 세균 같은 분해자는 역할이 거의 없는 것처럼 보여. 오히려 병을 일으키거나 음식을 상하게 하는 등 다른 생물들에게 해가 되는 일을 하곤 하지. 하지만 분해자가 하는 일은 중요해. 지구를 깨끗이 해 주고, 사체나 배설물을 분해하여 생물들이 살아가는 데 필요한 양분을 제공해 주는 일을 책임지는 이들이 바로 분해자거든.

만일 분해자가 없다면 지구는 온통 생물의 사체와 배설물로 넘쳐나고, 우리는 그런 환경 속에서 살아가야 할 거야. 또, 양분이 부족해 식물이 잘 자라지 못하니까 식물을 먹고 사는 초식 동물, 초식 동물을 먹고 사는 육식 동물까지 먹이가 부족해 죽게 될 거고. 아휴, 생각만 해도 끔찍해. 분해자를 내쫓았다가는 결국 지구상의 생물이 모두 사라지게 된다니!

### 아하! 개념

- 생태계를 구성하는 생물요소에는 생산자, 소비자, 분해자가 있다.
- 생태계를 구성하는 환경요소에는 물, 공기, 토양, 햇빛, 온도 등이 있다.
- 분해자는 생물의 사체와 배설물을 무기물로 분해하여 환경으로 되돌려 보내는 일을 한다.

답 : X, X, O

# 여름철새는 더운 곳을 좋아하고, 겨울철새는 추운 곳을 좋아해서 이동한다(X)

새들을 주연으로 한 영화촬영이 한창인 영화촬영소에서 감독은 뭐가 맘에 안 드는지 계속 "NG"를 외치고 있어. 주연을 맡은 새들의 대사가 잘못된 것 같은데 왜 틀린 걸까? 바로 계절에 따른 철새의 이동 방법과 관련이 있다고 해. 철새는 계절에 따라 우리나라와 다른 나라를 이동하며 사는 새를 말해. 우리나라에 일 년 내내 사는 새는 텃새라고 하지.

철새 중에는 여름철새와 겨울철새가 있어. 여름철새는 더운 날씨를 좋아하고 겨울철새는 추운 날씨를 좋아하는 것일까? 사람들 중에도 여름을 좋아하는 사람과 겨울을 좋아하는 사람이 있듯이 말이야. 철새가 계절에 따라 어떻게 이동을 하는지, 왜 이동을 하며 살아가야 하는지 알게 되면 그런 생각이 틀렸다는 것을 알게 될 거야. 여름철새와 겨울철새란 용어 때문에 갖게 되는 오해일 뿐이라고. 빨리 이 오해를 풀어서, 배우들의 대사를 고쳐 주자.

## 나의 오개념을 체크해 보자 

여름철새는 여름에만 생활하고, 겨울철새는 겨울에만 생활해.    ◎ ✖

우리나라의 겨울철이 여름철새에게는 추워.    ◎ ✖

철새는 먹이 부족, 기후 변화 때문에 이동해.    ◎ ✖

## 철새는 알을 낳는 곳과 겨울을 나는 곳이 달라.

철새의 이동 방향은 우리나라를 중심으로 생각해야 해.

겨울철새는 가을에 우리나라보다 추운 북쪽에서 알을 낳고, 그 후 따뜻한 우리나라로 내려와 우리나라에서 겨울을 보내는 철새를 말해. 즉 겨울철새는 추운 겨울을 나기 위해 원래 살던 곳보다 따뜻한 남쪽인 우리나라에 내려오는 거야. 그러니 겨울철새가 추운 곳을 좋아한다고 생각해선 안 되겠지. 겨울철새에는 고니, 기러기, 독수리, 논병아리, 두루미 등이 있어.

여름철새는 이른 봄에 남쪽에서 우리나라로 날아와 알을 낳고 여름을 보내. 여름철에 남쪽은 너무 덥기 때문이야. 그 후 겨울이 되면 우리나라보다 따뜻한 남쪽으로 내려가 겨울을 보내지. 뻐꾸기, 두견이, 꾀꼬리, 백로, 뜸부기, 제비 등이 여름철새야.

그 밖에 봄, 가을에 우리나라를 거쳐 가는 나그네새, 번식기인 여름에는 깊은 산지에서 번식하고 가을부터 봄까지 평지에 내려와 생활하는 떠돌이새도 있어.

겨울철 여름철새의 이동 경로

겨울철 겨울철새의 이동 경로

## 철새는 먹이 부족, 기후 변화 때문에 장소를 이동해.

겨울철새인 청둥오리가 이동하는 거리는 약 7000km정도야. 이렇게 엄청나게 멀고 힘든 길을 왜 매년 왕복하는 것일까? 새들에게 추운 겨울은 아주 위험해. 새끼들은 아직 어리기 때문에 목숨을 잃을 수도 있어. 또, 먹이가 부족해지지. 그래서 먹이도 많고, 따뜻한 곳을 찾아 이동해 겨울을 나는 거야.

### 아하! 개념

- 북쪽에서 번식하고 우리나라에서 겨울을 보내는 새를 겨울철새, 봄에 우리나라를 찾아와 번식하고 남쪽에 내려가 겨울을 보내는 새를 여름철새라고 한다.
- 여름철새와 겨울철새 모두 추위를 피하고, 먹이를 얻기 위해 계절에 따라 이동한다.

답 : X, O, O

# 시험에서 속기 쉬운 오개념



**1** 다음 보기 중에서 생물과 무생물을 나누는 분류 기준만으로 짝지어진 것은 어느 것입니까? (     )

> **보기**
>
> ㉠ 몸이 세포로 이루어져 있다.　　㉡ 스스로 양분을 만든다.
> ㉢ 몸이 자란다.　　㉣ 움직인다.
> ㉤ 땅 위에서 산다.　　㉥ 자손을 남긴다.

① ㉠, ㉡, ㉢
② ㉠, ㉢, ㉥
③ ㉡, ㉣, ㉤
④ ㉡, ㉣, ㉥
⑤ ㉢, ㉣, ㉥



**2** 아래 사진 중 수컷을 골라 기호를 쓰고, 그렇게 생각한 이유를 쓰시오.

---

---

---

**오개념 6**

**3** 개념이는 곤충의 완전 변태 과정을 알아보기 위해 곤충 백과사전을 찾아 매미의 생태를 읽어보았지만 찾을 수가 없었습니다. 그 이유와 완전 변태 과정을 알아보기 위해 살펴봐야 할 곤충으로 알맞게 묶인 것은 어느 것입니까? (        )

| | 이유 | 곤충 |
|---|---|---|
| ① | 매미는 애벌레 시기가 없기 때문에 | 메뚜기 |
| ② | 매미는 애벌레 시기가 없기 때문에 | 모기 |
| ③ | 매미는 번데기 시기가 없기 때문에 | 메뚜기 |
| ④ | 매미는 번데기 시기가 없기 때문에 | 나비 |
| ⑤ | 매미는 번데기 시기가 없기 때문에 | 잠자리 |

**오개념 7**

**4** 다음 중 식물의 광합성과 호흡이 이루어지는 시기와 그 때 만들어지는 물질에 대해 바르게 짝지어진 것은 어느 것입니까? (        )

| | 광합성 | 호흡 | 낮에 만들어지는 물질 | 밤에 만들어지는 물질 |
|---|---|---|---|---|
| ① | 낮 | 밤 | 산소 | 이산화탄소 |
| ② | 낮 | 밤낮 | 산소 | 이산화탄소 |
| ③ | 밤 | 낮 | 이산화탄소 | 산소 |
| ④ | 밤낮 | 밤 | 산소 | 이산화탄소 |
| ⑤ | 낮 | 밤 | 이산화탄소 | 산소 |

**오개념 8**

**5** 농부들이 씨를 뿌리기 전에 밭을 쟁기로 가는 이유는 무엇인지 쓰시오.

---

**오개념 8**

**6** 식물이 자라는 데 햇빛이 필요한지 알아보기 위해서 같게 해 주어야 할 조건과 다르게 해 주어야 할 조건을 보기에서 골라 그 기호를 쓰시오.

보기

㉠ 식물의 종류　　　　　㉡ 햇빛을 비추는 정도

㉢ 물의 양　　　　　　　㉣ 흙의 종류

㉤ 주위의 온도　　　　　㉥ 화분의 색깔

(1) 같게 해 주어야 하는 조건

(2) 다르게 해 주어야 하는 조건

**7** 다음 중 바른 식습관을 가진 친구들을 모두 고르시오. (          )

① 민하 : 맛있는 음식은 빨리 삼켜.
② 은영 : 밥을 물에 말아먹는 것을 좋아해.
③ 재영 : 음식은 꼭꼭 씹어서 천천히 먹어.
④ 시우 : 차가운 아이스크림은 많이 먹지 않아.
⑤ 정훈 : 점심은 5분 내로 먹은 다음 곧바로 운동장에서 축구를 해.



**8** 버섯을 키우는 농장에서는 오른쪽과 같이 버섯이 나무에 달려 있는 것을 볼 수 있습니다. 왜 이러한 방식으로 버섯을 키우는지 쓰시오.

--------------------------------------------------

--------------------------------------------------

--------------------------------------------------

O개념
지구와 우주

# 15 물은 끓어야만 수증기로 변한다(X)

주룩주룩 비가 되어 내리던 방울이가 풀잎 위에 앉게 되었어. 비는 곧 그쳤지만 방울이는 하늘이 그리워 눈물을 흘렸어. 풀잎이 왜 우는지 묻자 방울이가 대답했어.

"난 하늘로 올라가고 싶어요. 누군가 나를 주전자 속으로 데려가 뜨거운 불꽃을 만나게 해 줘야 하는데, 풀잎 위에 있으면 아무도 데려가 주지 않잖아요. 그럼 난 하늘로 돌아갈 수 없어요."

방울이의 얘기를 듣자 풀잎은 방울이를 위로하며 말했어.

"그냥 내 위에서 편히 쉬렴. 따뜻한 해님이 비추면 넌 하늘로 돌아갈 수 있어."

방울이는 풀잎의 말을 이해할 수 없었어. 방울이가 하늘로 가려면 보글보글 끓어서 수증기가 되어야 한다고 생각했거든. 하지만 어떻게 풀잎 위에 가만히 앉은 채 끓을 수 있겠어. 그런데 방울이가 모르는 한 가지가 있어. 그건 바로 증발이란 거야. 물이 수증기로 변하는 현상의 비밀이지. 물을 끓이지 않아도 수증기가 될 수 있는 방법에 대하여 알아보고, 방울이에게 희망을 주자.

### 나의 오개념을 체크해 보자 

빨래가 마르는 것은 빨래의 물기가 끓어서 없어진 것이야.  ◎ ✗

증발은 물을 끓여야 일어나.  ◎ ✗

## 끓이지 않아도 물이 말라.

주전자에 있던 물을 가열하면 기체 방울이 생기면서 끓지? 물은 100℃에서 끓거든. 끓음은 물이 기체인 수증기로 변하는 현상이야. 물 전체에서 수증기가 계속 생기니까 보글보글 하는 거야. 모두 수증기가 될 때까지 끓는 현상은 계속 되지.

그러나 가열하지 않아도 물은 수증기로 변해. 마당에 널어놓은 빨래가 마르는 현상을 생각해 봐. 빨래가 말랐다는 것은 그 속에 포함되어 있던 물이 수증기로 변해서 공기 중으로 날아갔다는 거야. 100℃가 되지 않아도 물이 수증기로 변한 거지. 이러한 현상을 **증발**이라고 해. 끓는 현상과 달리 물 표면에서 아주 천천히 일어나기 때문에 물속에서 기체 방울 같은 건 볼 수 없어.

풀잎이 방울이에게 말한 것도 이 증발 현상을 염두에 둔 것이지.

**증발** 액체가 끓지 않으면서 액체의 표면에서 기체로 변하는 현상

## 끓음과 증발 모두 열이 필요해.

끓음과 증발 현상 모두 물이 수증기가 된다는 점은 같아. 또 수증기가 되려면 열이 필요하다는 점도 같지. 물을 끓이려면 열을 가해 주어야 한다는 건 잘 알고 있지?

그런데 증발할 때는 열이 필요하지 않다고? 그렇지 않아. 손에 물기가 마를 때 손이 시원해지는 느낌을 받은 적이 있을 거야. 보이지 않지만 증발이 일어나고 있는 거야. 시원하다고 느끼는 것은 물이 증발하면서 주위의 열을 빼앗아 가기 때문인 거지. 열이 필요하니까.

**물의 끓는점** 물의 상태가 변화하기 위해서는 일정한 온도가 되어야 한다. 물은 100℃에서 수증기가 되는데, 이를 '끓는점'이라고 한다.

## 아하! 개념

- 물이 수증기가 되는 현상은 끓음과 증발 두 가지가 있다.
  - 물(액체) 속 전체에서 수증기(기체)가 되는 현상을 끓음이라고 한다.
  - 물(액체)이 끓지 않으면서 수증기(기체)로 변하는 현상을 증발이라고 한다.

답 : X, X

# 얼음물이 든 컵 표면의 물방울은 컵에서 스며 나온 것이다(X)

식탁에 얼음물이 든 유리컵이 놓여 있네. 자세히 보니 얼음물이 새어나오고 있는 것 같아.

유리컵은 자기 몸 일부에 금이 간 것 같다고 걱정을 하는데, 주변에 있던 수증기들은 다른 이유를 알고 있는 눈치야.

아마 생활 속에서 이런 현상을 경험한 적이 있을 거야. 유리컵 표면에 맺혀있는 물방울을 보고도 그 물방울이 왜 생겼는지 궁금해 하지 않았다면 지금 한번 생각해 봐.

그 물방울들은 어디서 왔을까? 설마 유리컵이 깨져서 물이 스며 나왔다고 생각하지는 않겠지? 만약 그렇게 생각한다면 수증기와 응결에 대해 잘 알지 못하기 때문일 거야. 시시때때로 변신하는 수증기의 모습을 함께 살펴보자.

### 나의 오개념을 체크해 보자 

얼음물이 든 컵 표면에는 냉장고 안에서도 물방울이 맺혀.　　　◎ ✕

얼음물이 든 컵 표면에 맺힌 물방울은 컵에서 스며 나온 것이야.　　　◎ ✕

얼음물이 든 컵 표면에 맺힌 물방울은 공기 중의 수증기와 같은 물질이야.　　　◎ ✕

## 실온의 물이 든 컵 주변에는 물방울이 생기지 않아.

만일 유리컵 안의 물이 밖으로 새어 나오거나 스며 나온 것이라면 컵 안의 물이 줄어들겠지? 그렇지만 컵 안의 물은 줄어들지 않아.

또 깨끗하게 마른 유리컵 안에 얼음물 대신 방 안의 온도와 같은 온도의 물을 넣어 두었을 때에는 유리컵 표면에 물방울이 생기지 않아. 이 결과만 봐도 컵 안의 물이 스며 나온 것이 아니라는 건 알 수 있어.

**미지근한 물에서는 왜 컵의 표면에 물방울이 생기지 않을까?** 실온의 물은 컵 주변의 온도와 같기 때문에 공기 중의 수증기의 열을 빼앗지 못한다. 공기 중의 수증기가 액체인 물로 변하지 못하므로 컵의 표면에 물방울이 생기지 않는 것이다.

## 공기 중에 있던 수증기가 차가운 컵 표면에서 액체로 변해.

그렇다면 컵 밖에서 그 원인을 찾아볼까? 빨래의 물기나 거리를 적신 비가 시간이 지나면서 마르는 것을 볼 수 있지? 이 물은 어디로 간 것일까? 그래. 물이 증발해서 공기 중으로 날아간 거야.

공기 중에는 눈에 보이지 않지만 물의 기체 상태인 수증기가 많이 포함되어 있어. 이 수증기가 차가운 얼음물이 들어 있는 컵과 닿게 되면 열을 빼앗기면서 액체인 물로 변하게 돼. 물방울들이 점점 많이 모이다 보면 어느덧 아래로 흘러내리기도 하지.

이와 같이 공기 중의 수증기가 액체인 물로 변해 뭉치는 현상을 응결이라고 해. 구름, 안개, 이슬 모두 수증기가 응결하여 변신한 모습이지.

**구름, 이슬, 안개** 공기 중의 수증기가 작은 물방울이 되어 하늘에 떠 있는 것을 구름, 지표 위의 수증기가 기온이 떨어져 찬 물체에 엉겨 생기는 물방울을 이슬, 지표 근처의 수증기가 물방울로 변해 지표 근처에 떠 있는 것을 안개라고 한다.

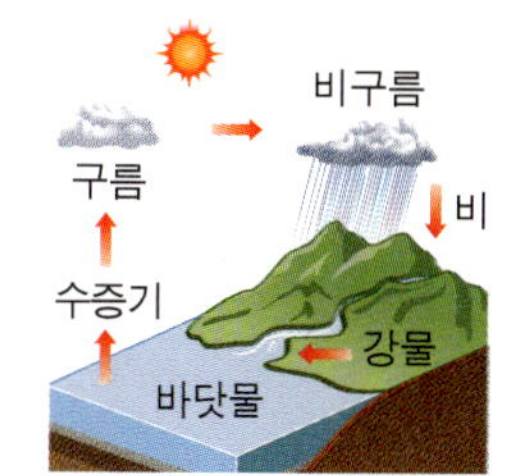


물의 순환 과정

### 아하! 개념

- 얼음물이 든 컵 표면에 생긴 물방울은 공기 중의 수증기가 물방울이 되어 뭉친 것이다. 이 현상을 응결이라고 한다.
- 공기 중의 수증기는 물의 기체 상태, 응결된 후의 물방울은 액체 상태인 것으로 겉모양만 다르고 모두 물과 같은 물질이다.

답 : X, X, O

# 17 북쪽으로 부는 바람은 북풍이다(X)

다음은 동화 〈해님과 달님〉의 일부분이야. 그런데 이 중에 잘못된 부분이 있어. 읽어 내려가면서 그 부분을 찾아봐.

해님과 바람이 내기를 했어. 남쪽으로 걸어가는 나그네의 외투를 누가 빨리 벗기나였지. 바람은 자신이 있었어. 마음대로 바람의 방향과 세기를 바꿀 수 있었거든. 먼저 바람은 북풍이 되어 남쪽을 향해 걸어가는 나그네의 얼굴을 향해 불기 시작했어. 그러자 나그네는 옷깃을 여미며 뒤돌아서 뒷걸음으로 걸어가기 시작했어. 바람을 등으로 맞고 싶었던 거지. 나그네의 등 쪽으로 불어봐야 소용이 없다는 것을 안 바람은 훨씬 더 센 남풍이 되기로 하고, 다시 방향을 바꾸었어. 남풍이 된 바람은 나그네의 외투 사이로 바람을 불어넣기 시작했지. 나그네는 다시 남쪽을 향해 돌아서서 똑바로 걸어가기 시작했어. 옷깃은 더욱 여미고 말이야.

틀린 부분은 찾았어? 바람에 대해 살펴보면서 정답을 맞춰봐.

## 나의 오개념을 체크해 보자 

북쪽으로 부는 바람이 북풍이야. ⭕ ✖

우리나라에서 부는 남풍은 북풍보다 따뜻해. ⭕ ✖

## 풍향은 바람이 불어오는 쪽을 말해.

북풍은 북쪽으로 부는 **바람**일까, 북쪽에서 불어오는 바람일까? 바람의 이름은 바람이 불어가는 쪽이 아니라 바람이 불어오는 쪽을 기준으로 해서 이름을 붙여. 그러니까 북풍은 북쪽에서 남쪽을 향해 불어가는 바람을 말하는 거야.

그렇다면 남동풍은 어느 쪽에서 어느 쪽으로 부는 바람일까? 물론 남동쪽에서 북서쪽을 향해 불어가는 바람이지. 북풍, 남풍, 남동풍처럼 바람이 부는 방향을 풍향이라고 해.

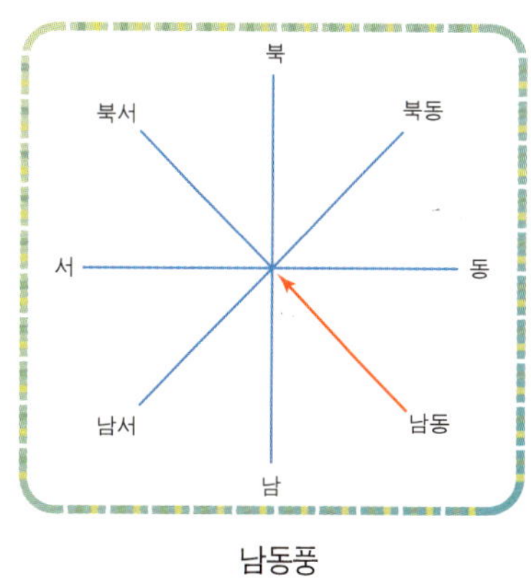


남동풍

해님과 바람의 내기에서 틀린 부분은 풍향이야. 남쪽을 향해 걸어가는 나그네의 얼굴을 향해 부는 바람은 북풍이 아니라 남풍이고, 북쪽을 보며 뒷걸음질치는 나그네의 얼굴을 향해 부는 바람은 북풍이라고 해야 내용이 어울려. 또 더 센 남풍이 되기로 했다는 내용이 나오는데, 사실은 남풍보다 북풍이 훨씬 더 센 바람이야.

**바람** 공기의 움직임을 말한다. 공기는 많은 쪽에서 적은 쪽으로 움직인다.

## 북풍은 겨울철에 불고, 남풍은 여름철에 불어.

우리나라로 불어오는 북서풍과 남동풍은 어떤 차이가 있을까? 북서풍은 우리나라의 북쪽인 시베리아 쪽에서 불어오는 바람을 말하고, 남동풍은 남쪽인 태평양 쪽에서 불어오는 바람을 말해.

그런데 이보다 더 큰 차이가 있어. 겨울에는 북서풍이 불고, 여름에는 남동풍이 불지. 그래서 겨울철에 불어오는 북서풍은 무척 빠르고 강하고, 여름철에 불어오는 남동풍은 태평양의 수증기를 가득 담은 따뜻한 바람이야.

**풍향의 우리말**
동풍: 샛바람
서풍: 하늬바람
남풍: 마파람
북풍: 된바람

**아하! 개념**

- 바람이 불어오는 쪽으로 풍향의 이름을 붙인다.(북풍은 북쪽에서 불어오는 바람이다.)
- 북서풍은 겨울에 불고, 남동풍은 여름에 분다.
- 대체로 겨울에 부는 북서풍의 세기가 여름에 부는 남동풍의 세기보다 더 세다.

답 : X, O

# 흰구름은 먹구름보다 천천히 움직인다 (X)

하늘 높은 곳에 떠 있는 흰구름과 먹구름은 서로 자신이 최고라고 매일 다투었어.

"먹구름, 내가 너보다 더 높은 곳에 있으니 내가 최고야."

"무슨 소리, 내가 너보다 덩치가 더 크니까 내가 최고야."

서로 잘난 척하는 것을 보던 바람이 제안했어.

"그럼, 누가 더 빠른지 경주해 보는 건 어때? 그걸로 승부를 내자."

흰구름과 먹구름은 바람의 제안을 받아들이기로 하고, 바람에게 심판을 봐 달라고 부탁했어. 흰구름과 먹구름 중 누가 이겼을까? 결과는 뜻밖에도 바람이 승자였어. 흰구름과 먹구름은 경주를 시작도 못했거든. 왜냐하면 바람이 불지 않으면 구름은 꼼짝 못하니까.

그런데 만약 똑같은 정도의 바람이 분다면 결과는 어땠을까? 구름의 이동하는 빠르기는 무엇에 영향을 받는지 알아보자.

### 나의 오개념을 체크해 보자 

구름은 바람이 움직이는 것보다 더 천천히 움직여.   ◎ ✖

구름은 바람의 방향과 반대 방향으로 움직여.   ◎ ✖

구름의 모양은 계속 변해.   ◎ ✖

## 먹구름은 물방울의 크기가 크고 무겁기 때문에 낮은 곳에 있어.

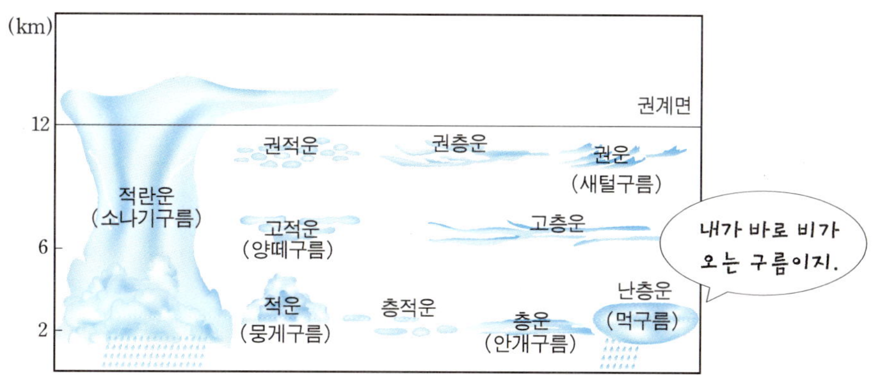


구름은 차가운 공기에 의해 수증기가 물방울이나 얼음 알갱이로 변한 거야. 구름은 일정한 높이에서부터 만들어지기 때문에 대부분 밑면이 평평하게 만들어져. 구름의 모양을 보면 공기가 이동하는 세기에 따라 높이 솟은 구름도 있고, 얇게 펴진 구름도 있어. 흔히 말하는 먹구름은 비가 오게 하는 구름이라 하여 비구름이라고 하지. 먹구름은 일반적으로 흰구름보다 낮은 곳에 위치하고 있어. 구름을 이루고 있는 작은 물방울들이 서로 합쳐지면서 물방울의 크기가 점점 커져 무거워졌기 때문이야.

## 먹구름이 흰구름보다 천천히 움직여.

구름은 바람이 부는 속도와 방향에 따라 움직여. 계속 움직이기 때문에 모양과 위치도 계속 변해. 바람이 세게 불면 빠르게 움직이고, 바람이 약하게 불면 구름도 천천히 움직여. 비가 오는 먹구름이 흰구름보다 빨리 움직인다고 느껴지는 건 구름의 위치와 크기 때문이야. 가까이 있는 자동차가 하늘 높이 떠 있는 비행기보다 빨리 움직인다고 느껴지는 것과 같은 이치지. 먹구름이 흰구름보다 가까이 있고, 또 덩치가 크기 때문에 더 빨리 움직이는 것처럼 보이는 것뿐이야.

### 아하! 개념

- 먹구름이 흰구름보다 더 낮게 떠 있기 때문에 먹구름이 더 빨리 움직이는 것처럼 보인다.
- 구름이 움직이는 것은 바람이 불기 때문인데, 바람의 세기에 따라 구름의 움직이는 빠르기가 달라진다.

답 : X, X, O

# 19 지층은 아래에 있는 것이 오래된 것이다 (X)

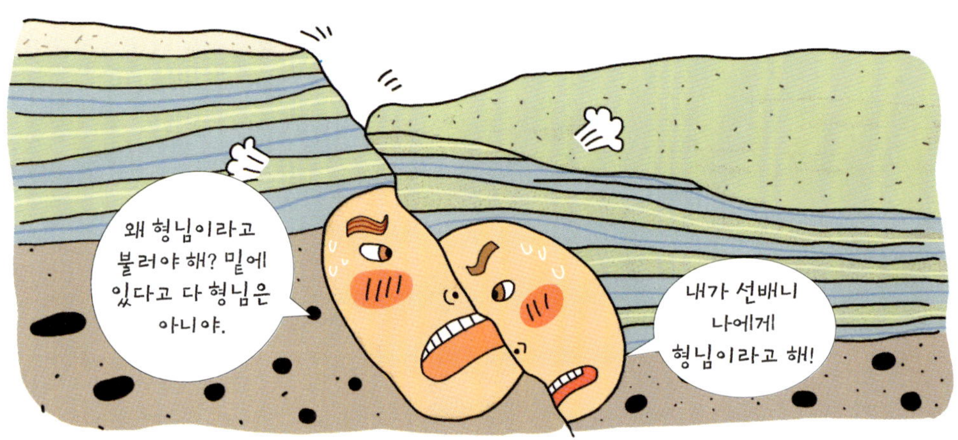


지층 나라에서는 더 아래쪽에 자리 잡을수록 형님이 돼.

어느 날 지층 나라에 싸움이 일어났지. 서로 자신이 형님이라고 주장했어. 얼핏 보기에도 오른쪽 점박이의 말이 맞는 것 같아 보여. 그러나 줄무늬는 형님이라 부를 수 없다고 버텼어.

결국 재판관을 모셔왔지. 재판관은 1분도 안 되어 줄무늬가 점박이보다 형님이라고 결론을 내렸지. 점박이는 억울해하며 외쳤어.

"말도 안돼요. 제가 더 아래쪽에 있는데 왜 줄무늬가 형님이란 거에요."

재판관은 어떻게 줄무늬가 형님이란 걸 단 번에 알았을까? 또 점박이는 무슨 근거로 우기는 걸까? 재판관은 지층이 휘어지거나 끊어질 수 있다는 걸 알고 있었고, 점박이는 몰랐던 거야.

### 나의 오개념을 체크해 보자 

지층은 하나의 암석으로 이루어져 있어.　　　　　　　◎ ✖

지층은 오랜 시간에 걸쳐 만들어져.　　　　　　　　　◎ ✖

가장 오래된 지층은 항상 아래쪽에 있어.　　　　　　　◎ ✖

지층을 구별하는 기준은 층의 색깔, 모양, 두께, 알갱이의 크기 등이야.　　◎ ✖

## 지층은 아주 오랜 시간에 걸쳐 만들어져.

흐르는 물에 의해 운반되어 온 자갈, 모래, 진흙 등의 퇴적물이 바다나 큰 호수 밑에 쌓여 오랜 시간 동안 눌리고 단단해지면 지층이 만들어져. 지층의 구조를 자세히 살펴보면 각 층마다 두께, 색깔, 알갱이의 크기 등이 다양하다는 것을 알 수 있어. 퇴적물이 쌓일 때의 환경이 다르기 때문이지.

예를 들면 해안 근처에서는 물의 움직임이 활발하니까 알갱이가 큰 자갈이나 굵은 모래 등이 쌓이지만, 해안으로부터 먼 곳에서는 물의 움직임이 적어서 가는 모래나 진흙 등이 쌓여. 또 지층이 만들어지면서 생물의 사체 등이 같이 묻혀 화석이 되기도 해. 따라서 지층을 이루고 있는 알갱이의 종류나 지층의 두께, 화석의 종류 등을 조사하면 지층이 형성될 당시의 환경을 추리할 수 있어.

## 지층은 휘어지기도 하고, 어긋나기도 해.

여러 권의 책을 차곡차곡 쌓을 때를 생각해 봐. 가장 아래쪽에 있는 책이 제일 먼저 놓인 책이야. 지층이 쌓이는 순서도 이와 마찬가지야. 가장 아래쪽에 있는 층이 제일 먼저 쌓인 거지.

하지만 지층이 항상 가지런하지는 않아. 지층이 오랜 시간 동안 힘을 받으면 휘어지거나 끊어져서 놓인 순서가 뒤바뀌기도 하지. 지층의 휘어지는 정도는 받은 힘의 크기에 따라 달라져. 심한 것은 산맥을 이룰 정도로 크지. 또 지층이 아래 그림처럼 완전히 휘어져서 위쪽에 있는 지층이 아래로 내려오고, 아래쪽에 있는 지층이 위로 가기도 해. 지층이 끊어져 위아래로 내려앉기도 하지.

앞에서 암석들끼리 싸움이 난 곳도 사실은 너무 휘어서 순서가 뒤바뀐 부분이었던 거야. 재판관은 두 지층 외에 주변에 있던 다른 지층들까지 유심히 살펴보았기 때문에 그 진실을 알게 된 거지.

**단층** 지층을 잡아당기는 힘이나 미는 힘에 의해 갈라져 어긋나는 현상

**습곡** 지층을 누르는 힘에 의해 지층이 휘어지는 현상

### 아하! 개념

- 지층은 오랜 시간에 걸쳐 암석이 여러 개의 층으로 쌓여 있는 것이다.
- 대부분의 지층은 아래에 있는 것이 오래된 것이지만, 단층, 습곡 등에 의해 위치가 변하기도 한다.

답 : X, O, X, O

# 20 화산이 분출할 때 용암만 나온다 (X)

청둥오리 가족은 화산 근처에 살고 있었어. 둥지 앞에는 멋진 경치가 펼쳐져 있고, 근처에는 따뜻한 물이 샘솟는 온천이 있어서 다른 곳에 사는 청둥오리들의 부러움을 샀지.

그런데 최근 들어 가끔 땅이 흔들리고, 산 위에서 김이 모락모락 솟아오르는 등 이상 현상이 나타났어.

엄마는 화산이 폭발하기 전에 나타나는 징조라는 것을 알고 있었지. 엄마는 화산이 폭발하기 전에 그 곳을 떠나야 한다고 했어.

하지만 아기오리는 날개가 있으니 용암을 피할 수 있다고 생각했지. 청둥오리 가족이 언제 이사를 가야 한다고 생각하니? 화산이 폭발할 때 어떤 일이 일어나는지 알아보면 이사 날짜를 정할 수 있을 거야.

### 나의 오개념을 체크해 보자 

화산이 분출할 때 나오는 것은 용암이야.   O X

화산이 분출할 때 기체, 액체, 고체 물질이 모두 나와.   O X

화산 분출은 우리에게 나쁜 영향만 줘.   O X

## 지구 내부에 있는 마그마가 땅 위를 뚫고 나와.

지구 내부는 굉장히 뜨겁기 때문에 암석들조차 녹은 상태로 존재해. 그것을 마그마라고 하지. 마그마는 땅속에 고여 있다가 지표면의 약한 틈을 뚫고 밖으로 나오기도 해. 이것이 **화산**이 분출하는 과정이야.

**화산** 땅속에 있는 마그마가 분출하여 만들어진 산

화산이 분출할 때 나오는 화산 분출물이 주변에 높이 쌓이면 화산이 되고, 넓게 퍼지면 새로운 땅이 되지. 이러한 화산 분출로 지구의 모습은 계속 변해 왔어. 우리가 살고 있는 지구 표면의 80% 이상이 화산 활동을 통해 만들어진 것이라니 놀랍지?

## 화산이 분출할 때 다양한 물질이 나와.

화산이 분출할 때에는 기체인 화산 가스, 액체인 **용암**, 고체인 화산 **쇄설물** 등 다양한 물질들이 나와.

**용암** 마그마가 화산의 분화구에서 지표로 분출한 것으로 온도가 높고 가스를 많이 포함하고 있다.

화산 가스는 마그마가 쉽게 분출될 수 있도록 도와주는 역할을 하는데, 대부분 수증기이고, 그 외에 이산화탄소, 질소, 이산화황 등이 포함되어 있어. 때로는 유독 가스가 포함되어 있어서 주변의 동물들이 들이마시면 죽을 수도 있어.

**쇄설물** 화산 활동에서 분출되는 크고 작은 형태의 암석 조각들

용암은 마그마가 분출한 것을 말해. 지표에서 마그마 속에 들어 있는 가스가 빠져나가기 때문에 용암과 마그마는 성분이 다르지.

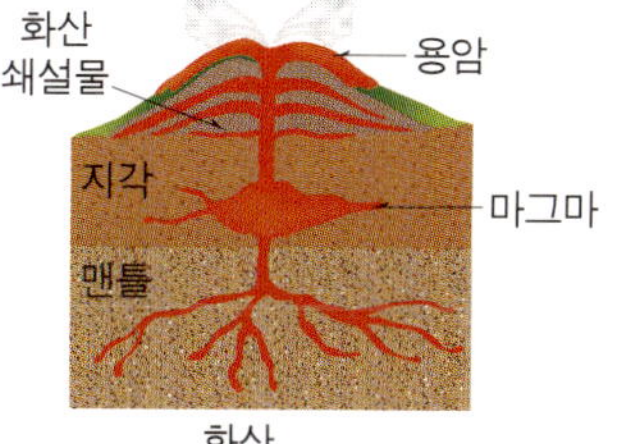


화산 쇄설물은 화산 분출 때 만들어진 다양한 크기의 암석 부스러기를 말해. 크기에 따라 화산탄, 화산력, 화산재, 화산진 등으로 나뉘지. 크기가 작은 화산재와 화산진은 공기 중에 오랜 시간 머무르면서 태양빛을 막아 기후 변화를 일으키기도 해.

화산이 분출하면 인명 피해나 재산 피해, 화재 등이 나서 우리 생활에 피해를 주게 돼. 하지만 아름다운 자연 환경과 온천을 만들어 주거나 지열 발전을 하게 하는 등 생활에 도움을 주는 일을 하기도 해.

### 아하! 개념

- 땅 속의 마그마가 땅 위로 분출되어 쌓인 것을 화산이라고 한다.
- 화산이 분출할 때 화산 가스, 용암, 화산 쇄설물 등이 나온다.
- 화산은 우리 생활에 나쁜 영향을 주기도 하지만 도움을 주기도 한다.

답 : O, O, X

최근 화산이에게 고민이 생겼어. 형들은 산꼭대기 부분에 멋지게 패인 분화구가 있는데 화산이의 머리 부분은 툭 튀어나와 있기 때문이지. 화산이는 자신의 모습을 보면서 화산이 아니라고 생각했어. 얼마 전 분화구가 화산이 아닌 산을 구분하는 기준이 된다는 내용을 읽은 적이 있었거든. 평소 자신이 화산이라는 것을 엄청 자랑스러워했던 화산이는 이 사실에 큰 충격을 받았지.

엄마는 화산이가 잘못 알고 있는 거라며 웃으셨어. 분화구가 있는 산이 화산인 것은 맞지만, 화산이라고 해서 모두 꼭대기에 분화구가 있는 건 아니라고 말씀하셨지. 화산이는 일단 마음을 가라앉혔지만, 사실 엄마의 말씀을 이해하지는 못했어. 그래서 화산의 모양이 어떻다는 건지 도무지 알 수 없었지.

화산과 화산이 아닌 산을 구별하는 방법과 분화구에 대해 알아보고 화산이의 고민을 해결해 주자.

### 나의 오개념을 체크해 보자

분화구가 없는 산은 화산이 아니야. ⭕ ❌

다른 산들과 연결된 산은 화산이 아니야. ⭕ ❌

화산이 분출할 때 나오는 물질은 용암뿐이야. ⭕ ❌

## 일반적인 산과 화산은 생김새로 구별해.

우리가 흔히 보는 일반적인 산은 다른 산들과 이어져 있고, 봉우리가 뾰족하거나 볼록해. 또 산등성이, 골짜기 등으로 구별되지. 하지만 화산은 다른 산들과 이어져 있지 않아. 산의 정상 부분은 삿갓을 씌운 모양처럼 생겼고, 꼭대기에는 분화구가 있어. 분화구는 마그마가 땅 위로 솟아나온 후 생긴 구멍으로, 화구라고도 해. 일반적인 화구보다 더 큰 것은 **칼데라**라고 부르지. 경우에 따라 분화구나 칼데라에 물이 고여 호수를 이루기도 해. 이때는 끝에 '호'라고 이름을 붙여. 우리나라의 대표적인 화산인 한라산의 백록담이 화구호이고, 백두산의 천지가 칼데라호야.

**칼데라** 지름이 3km이상이며 큰 폭발에 의해 생기거나 화산 봉우리 부분의 함몰에 의해 생긴다.

## 화산의 모양은 제각각 달라.

점성이 작은 용암이 멀리까지 퍼져 나가면 제주도의 한라산처럼 완만한 경사의 산이 만들어져. 반대로 점성이 커서 거의 고체에 가까운 용암 덩어리가 그대로 위로 밀려나오면 가파르면서 비교적 작은 규모의 화산이 돼. 이때는 분화구가 만들어지지 않지. 제주도의 산방산이 이러한 형태의 화산이야.

또, 점성이 큰 용암과 화산 쇄설물(화산재, 화산탄 등)이 교대로 쌓이면 아래쪽은 경사가 완만하고 산 정상은 가파른 화산이 돼. 이때 분화구는 작게 만들어지는데, 일본의 후지산이 대표적이야. 반대로 점성이 작은 용암이 폭발 없이 한꺼번에 땅 위로 나와 퍼지면 용암으로 만들어진 용암지대가 돼. 우리나라의 개마고원이 대표적이야.

이처럼 화산의 모양은 땅 속 마그마가 땅 위로 솟아오르는 방법과 땅 밖으로 나온 용암의 성질에 따라 달라져.

한라산

산방산

답 : X, O, X

# 모든 화산은 폭발한다(X)

개념이는 얼마 전 학교에서 화산을 주제로 한 재난 영화를 보았어. 이미 활동이 끝난 줄 알았던 화산이 갑자기 분출하는 바람에 수많은 사람들이 죽고 다치며, 흘러내리는 용암 때문에 도시의 빌딩과 도로 등이 파괴되는 내용이었지. 개념이는 화산 분출이 얼마나 무서운 건지 새삼 알게 되었지.

그리고 며칠 후 개념이는 제주도로 수학여행을 가게 되었어. 곳곳을 견학하며 제주도에 대해 설명을 듣고 검은 암석들을 보니 얼마 전에 본 영화가 생각났지. 개념이는 슬슬 걱정이 되었어. 일정을 보니 한라산에 오르는 일이 남아 있었거든. 마침내 한라산 입구에서 개념이는 주저앉고 말았어. 한라산이 금방이라도 폭발할 것만 같았지. 모든 화산이 폭발하는 것은 아닌데다, 화산이 폭발하기 전에는 여러 가지 징조들이 나타나기 때문에 영화에서처럼 무방비하게 화산 폭발에 의한 피해를 입는 경우는 드물어. 화산에 대해 알아보자.

### 나의 오개념을 체크해 보자 

속리산은 화산이야.    ◎ ✖

모든 화산은 언젠가는 폭발해.    ◎ ✖

백두산은 폭발할 가능성이 있어.    ◎ ✖

## 활동이 멈춘 화산도 있어.

과거에는 화산을 사화산, 휴화산, 활화산으로 분류했어. 화산이지만 활동이 없는 화산을 사(死)화산, 현재는 활동이 없지만 과거에 분화한 기록이 있고 다시 활동할 가능성이 있는 화산을 휴(休)화산, 현재도 활발히 활동 중인 화산을 활(活)화산이라고 했지.

활화산은 전 세계에 약 850개가 있는데, 그 중 약 80%는 태평양 지역에 분포하며, 그 중 40개 내외의 화산이 매년 분화한다고 해. 일본의 아소산이 대표적이지. 그런데 최근에는 화산을 이렇게 분류하지 않아. 사화산으로 분류되었던 백두산은 최근에 매년 4mm씩 높아지고 있대. 백두산 밑에 있는 마그마의 움직임이 활발하다는 증거야. 즉 백두산도 분화 가능성이 있다는 것이지. 또, 파푸아의 라민톤 화산도 사화산으로 알려져 있었지만 1951년 갑자기 분화하여 사람들을 놀라게 했거든. 그래서 오늘날에는 화산을 앞으로 활동할 가능성이 있는 화산과 완전히 활동을 멈춘 화산으로 분류해. 이렇게 분류하면 백두산은 앞으로 활동할 가능성이 있는 화산이고, 한라산은 활동을 멈춘 화산이지.

## 화산 분출 전에 분출을 알리는 여러 가지 일들이 일어나.

화산이 분출하기 전에는 여러 가지 일들이 일어나. 먼저 화산 근처에서 수증기가 솟아오르고, 흔들림으로 인해 돌들이 굴러 떨어지기도 하며, 물웅덩이가 부글부글 끓어. 또 땅이 흔들리면서 분화구에서 연기가 발생하기도 하지. 예전에는 화산으로 인한 피해를 막을 수 없었지만, 최근에는 땅의 진동을 감지하여 화산 활동을 예측할 수 있어서 미리 피해에 대한 대책도 마련해. 도시로 흘러내리는 용암을 물로 식히거나 인공벽을 쌓아 다른 곳으로 흘러가게끔 길을 만드는 등 여러 가지 방법을 이용하지. 화산 분출이 일어난다 해도 실제로 영화처럼 무섭게 폭발하지 않는 경우도 많으니 너무 걱정하지는 마.

### 아하! 개념

- 과거에는 화산을 화산 활동이 없는 사화산, 활동 가능성이 있는 휴화산, 현재 활동 중인 활화산으로 분류했다.
- 현재에는 화산 활동의 가능성이 있는 화산과 없는 화산으로 분류한다.
- 화산이 폭발하기 전에는 폭발을 예고하는 여러 가지 일들이 일어난다.

답 : X, X, O

# 23 화석이 되려면 딱딱해야 한다(X)

용궁나라의 물고기는 뭐가 그렇게 자랑스러운지 항상 잘난 척을 하기로 유명해. 알고 보니 단단한 등뼈 때문이래. 단단한 뼈대 때문에 자신은 죽어서도 화석으로 남을 수 있다지 뭐야. 그래서 문어네 가문을 무시하기 일쑤지. 문어는 뼈대가 없기 때문에 죽어서도 화석이 될 수 없다면서 말이야.

화석이 되기 쉬우려면 뼈대와 같은 단단한 부분이 있어야 하는 것은 맞지. 문어는 죽고 나면 살이 다 썩으니까 화석으로 남을 수 없을 것 같기도 해.

하지만 정말 그럴까? 실제로 단단한 부분이 없는 생물의 화석은 하나도 발견된 게 없을까?

화석에 대해 알아보면서 그 궁금증을 해결해 보자. 혹시 또 알아? 문어에게 희망의 메시지라도 보내 줄 수 있을지…….

### 나의 오개념을 체크해 보자 

생물의 흔적이 지층 속에 남아 있는 것은 화석이 아니야.　　　　　○ ✖

호박 속 곤충은 화석이야.　　　　　○ ✖

진흙에 난 신발자국은 화석이 될 수 있어.　　　　　○ ✖

## 화석은 예전에 살았던 생물의 사체가 지층 속에 남아 있는 거야.

화석은 어떻게 만들어질까? 생물이 죽으면 호수나 바다 밑에 파묻히게 돼. 그 위에 퇴적물이 더 쌓이게 되어 눌리고 단단해져 퇴적암이 되지. 지구 활동에 의해 물 밑의 지층이 물 위로 솟아오른 뒤, 오랜 시간이 흘러 그 지층이 바람이나 물에 깎이면 화석이 드러나게 되지. 이렇게 생긴 지 최소한 만 년 이상은 된 것이라야 화석이라고 부른대.

고무 찰흙 사이에 물건을 넣고 눌러서 화석 모형을 만들어 봐. 물렁물렁하고 흐물흐물한 것 보다는 단단한 것이 모형을 만들기가 더 쉬울 거야. 부드러운 살 부분은 퇴적물 속에서 썩어서 사라지기 때문에 대부분 조개껍데기, 물고기 뼈, 이빨, 잎의 잎맥 등 단단한 부분이 있는 것이 화석이 되기 쉬워.

## 생물의 딱딱한 부분이 없어도 화석이 될 수 있어.

생물의 몸 부분은 금방 썩기 쉽지만 특수한 환경에서는 온전히 보존되기도 해. 실제로 아주 추운 시베리아나 남극 같은 곳의 얼음 틈에서 상태가 온전히 보존된 매머드 사체가 발견되기도 했어. 또 **호박** 속에 들어 있는 곤충이나 거미 등의 작은 동물 또한 공기가 통하지 않는 곳에 있었기 때문에 화석으로 남게 되지.

**호박** 소나무의 송진이 굳어서 만들어진 노란색의 물질로 한복의 단추, 액세서리 등 장식품으로 많이 사용된다.

생물의 몸뿐만 아니라 생물이 자연에 남긴 여러 가지 흔적들도 화석이 될 수 있어. 새나 공룡의 발자국이나 기어간 자국, 게나 조개가 갯벌을 파고 들어가 생긴 구멍, 동물의 둥지, 배설물, 알 등도 모두 화석이 될 수 있지. 하지만 시멘트에 남긴 내 신발자국은 오랜 시간이 지나도 화석이 될 수 없어. 신발은 생물의 사체나 흔적이 아닌 생활 용품이기 때문이지.

나뭇잎 화석

동물의 발자국 화석

## 아하! 개념

- 화석은 아주 오랜 옛날 살았던 생물의 사체나 흔적이 지층 속에 남아 있는 것을 말한다.
- 생물이 나무 수액(호박)에 갇히거나 냉동되어 온전한 형태로 보존된 화석도 있다.
- 생물의 발자국, 기어간 자국, 배설물 등도 화석이 될 수 있다.

답 : X, O, X

# 달은 밤에만 뜬다 (X)

다음은 윤석중 작사, 홍난파 작곡의 〈낮에 나온 반달〉이라는 동요의 일부분이야.

낮에 나온 반달은 하얀 반달은

해님이 신다 버린 신짝인가요

우리 아기 아장아장 걸음 배울 때

한쪽 발에 딸깍딸깍 신겨줬으면

동화 작가이신 윤석중 선생님께서 이 노래를 지으실 때 정말로 낮에 나온 반달을 보고 지으신 걸까? 아니면 아이들에게 꿈을 주기 위해서 낮에도 반달이 나왔으면 좋겠다고 생각하며 지으신 걸까?

여러 날 같은 시각에 달을 관찰해 보면, 달의 모양이 변하면서 어느 날은 동쪽에서 보이고, 어느 날은 서쪽에서 보여. 그럼, 달이 뜨는 방향이 달라진다는 걸까, 달이 뜨는 시각이 달라진다는 걸까?

### 나의 오개념을 체크해 보자 

달은 밤에만 떠.　　　　　　　　　　　　　　　　　○ ✗

달이 뜨는 시각은 매일 일정해.　　　　　　　　　　○ ✗

초저녁, 달은 항상 동쪽에서 볼 수 있어.　　　　　　○ ✗

## 달이 지구 주위를 돌기 때문에 달의 모양이 매일 달라져.

매일 저녁 같은 시각에 달을 관찰해 봐. 달의 모양이 달라짐과 동시에 달의 위치가 매일 조금씩 이동하는 걸 알 수 있어.

이처럼 달의 모양이 매일 조금씩 달라지는 이유는 무엇일까? 그것은 지구가 태양 주위를 돌듯이 달도 지구 주위를 한 달에 한 바퀴 돌기 때문이야. 오른쪽 그림처럼 태양-달-지구의 위치가 달라질 때마다 달이 태양빛을 받는 부분이 달라지기 때문에 우리 눈에 달의 모양이 변한 것처럼 보이는 것이지.

## 달이 뜨는 시각은 매일 늦어져.

그렇다면 같은 시각에 달이 보이는 위치가 매일 서쪽에서 동쪽으로 조금씩 이동하는 이유는 무엇일까? 달이 뜨는 시각이 매일 50분씩 늦어지기 때문이야.

오른쪽 그림의 초승달은 음력 2일에 관찰한 거야. 초승달은 초저녁 서쪽 하늘에서 볼 수 있어. 초승달은 아침에 동쪽에서 떠서 저녁에 서쪽으로 지기 때문에 저녁 7시경에는 이미 지고 있는 달의 모습을 보게 되는 거지. 보름달은 초저녁에 떠서 새벽에 지기 때문에 달이 뜨고 지는 것을 온전히 볼 수 있어. 하지만 보름달로부터 7~8일 뒤에 뜨는 하현달은 한밤중에 떠서 정오에 지기 때문에 저녁 7시경에는 달을 볼 수 없어. 대신 햇빛이 구름에 가려 약해지면 낮에 떠 있는 하현달을 볼 수 있지.

**달의 공전** 달이 지구 주위를 일정한 주기로 도는 운동을 말한다. 달은 스스로 빛을 내지 않기 때문에 햇빛을 받는 부분만 우리 눈에 보이게 된다.

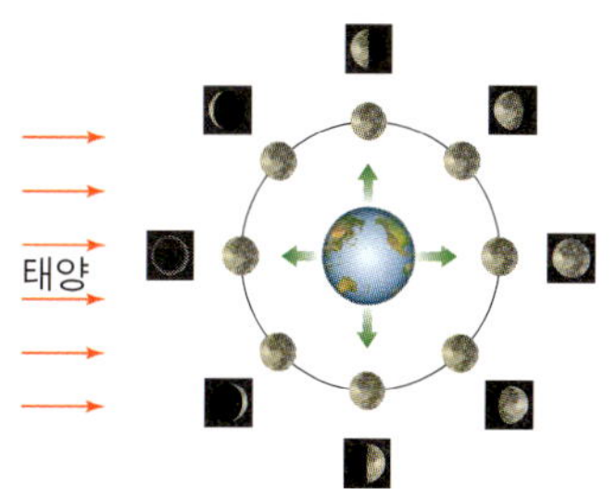

### 아하! 개념

- 달이 뜨는 시각은 매일 50분씩 늦어진다.
- 낮에 뜨는 달도 있지만 태양빛이 너무 밝아 달이 보이지 않는 것뿐이다.
- 초승달은 아침에 떠서 초저녁에 지고, 보름달은 초저녁에 떠서 새벽에 지고, 하현달은 한밤중에 떠서 정오쯤에 진다.

답 : X, X, X

# 25 달에 가면 몸무게가 줄어 날씬해진다(X)

지구에 사는 토순이는 달나라로 이사 간 토돌이로부터 기쁜 소식을 들었어. 달나라로 이사를 오니 지구에서 살 때보다 몸무게가 확 줄었다는 거야. 그것도 지구에서 잰 몸무게의 $\frac{1}{6}$로 말이야. 이 말을 들은 토순이는 솔깃했어. 계산기를 두들기며 몸무게가 줄었을 때의 몸매를 상상했지.

'팔, 다리, 허리 모두 이보다 가늘어지겠지?'

토순이는 달에서 입을 옷을 준비했어. 옷 치수를 $\frac{1}{6}$로 줄여서 말이야. 그리고 달을 향해 날아갔지.

과연 토순이가 달에 도착하면 토돌이처럼 몸무게가 $\frac{1}{6}$로 줄어들까? 그렇다면 준비해 간 옷은 입을 수 있을까?

### 나의 오개념을 체크해 보자

달나라에 가서 저울로 재면 몸무게가 적게 나와.    ◎ ✖

달에서 잰 몸무게가 지구에서의 6배야.    ◎ ✖

달나라에 가면 살이 빠져.    ◎ ✖

## 무게는 지구나 달이 잡아당기는 힘의 크기야!

사람들이 지구에서 떨어져 나가지 않고 붙어 있을 수 있는 이유가 **중력** 때문이지? **무게**는 지구가 물체를 잡아당기는 힘, 즉 중력의 크기를 말해. 그래서 몸무게의 단위는 정확히 'kg중'이라고 말해야 해. 어떤 **질량**을 가진 물체를 잡아당기는 중력의 크기라는 의미에서야. 지구에서 사람을 잡아당기는 중력의 크기는 같은데 사람의 질량에 따라 중력의 크기가 다르기 때문에 사람마다 몸무게가 다른 거야.

## 지구가 달보다 더 세게 당겨.

물체를 잡아당기는 힘은 달이나 다른 행성에도 있어. 달은 지구가 물체를 잡아당기는 힘의 $\frac{1}{6}$ 정도밖에 되지 않아. 물체를 잡아당기는 힘의 크기인 중력이 다르기 때문에 지구에서와 달에서 잰 몸무게가 달라지는 거야. 달에서 몸무게를 재면 지구에서 잰 몸무게의 $\frac{1}{6}$밖에 되지 않아.

**중력** 지구가 물체를 끌어 당기는 힘

**무게** 지구가 물체를 끌어 당기는 힘의 크기

**질량** 물체가 가지고 있는 물체 고유의 양

## 무게는 줄어들지만 질량은 그대로야.

사람이 지구에서 사과를 손에 들고 달나라에 갔다고 생각해 봐. 사람 손에 있던 사과가 달나라에 가면 갑자기 줄어들까? 사람이 먹지 않는 한 사과는 그대로겠지? 사람도 마찬가지야. 몸무게는 달이 사람을 당기는 힘이니까 지구에서의 $\frac{1}{6}$로 줄어들겠지만 체격이 변한 건 아냐. 이렇게 변하지 않는 것을 '질량'이라고 해. 중력의 크기에 영향을 받는 무게는 달에서냐, 지구에서냐에 따라 달라지지만 질량은 어디에서나 같아.

## 아하! 개념

- 무게는 지구, 달, 행성이 각각 물체를 잡아당기는 힘이다.
- 무게는 지구, 달, 행성에서 모두 다르다.
- 달에서의 몸무게는 지구에서의 몸무게의 $\frac{1}{6}$이다.
- 질량은 지구, 달, 행성 어디에서나 같은 변하지 않는 양을 말한다.

답 : O, X, X

# 26 지구에서 달의 모든 면을 볼 수 있다(X)

아빠와 궁금이는 달 놀이를 하기로 했지. 궁금이는 지구, 아버지는 달이 되기로 했어. 아빠가 그 자리에서 뱅그르르 돌며 달의 자전을 흉내 내셨어.

그것을 보고 있던 궁금이(지구)는 아빠(달)의 앞모습, 옆모습, 뒷모습까지 모두 볼 수 있었지.

이번에는 엄마가 달이 되어 보기로 했어. 엄마는 궁금이 주위를 크게 한 바퀴 돌았어. 이때 궁금이를 바라보도록 몸을 조금씩 틀었어. 그랬더니 궁금이(지구)는 엄마(달)의 앞모습만 볼 수 있었어. 아빠와 엄마 중에서 달의 움직임을 더 잘 흉내 낸 사람은 누굴까?

엄마는 궁금이 주위를 한 바퀴 돌았으니 자전만 표현한 게 아니라 공전도 했다고 말할 수 있어. 그러나 아버지는 제자리에서 도는 자전만 표현했지. 실제 달은 어떠할까?

### 나의 오개념을 체크해 보자 

달은 공전과 자전을 해.　　　　　　　　　　　　　○ ✗

달은 공전을 하므로 지구에서 달의 모든 면을 볼 수 있어.　　　　　○ ✗

달은 자전을 하므로 지구에서 달의 모든 면을 볼 수 있어.　　　　　○ ✗

## 달이 자전만 한다면? 공전만 한다면?

달이 지구 주위를 한 바퀴 도는 것을 공전이라고 하고, 스스로 한 바퀴 도는 것을 자전이라고 해.

만약 달이 공전은 하지 않고 스스로 도는 자전만 한다고 생각해 볼까? 그럼 아빠가 궁금이 주위를 돌 때처럼 지구에서는 달의 여러 모습을 볼 수 있을 거야. (그림 1)

반대로 자전하지 않고 공전만 한다고 생각해 봐. 자전만 했을 때와 마찬가지로 지구에서는 달의 모든 면을 볼 수 있어. (그림 2)

## 달은 공전도 하면서 자전도 해.

우리가 보는 달은 한쪽 면일까, 모든 면일까? 달의 움직임을 이해하려면 이 점을 염두에 두어야 해.

실제 달은 자전도 하면서 지구 주위를 공전해. 게다가 공전하는 데 걸리는 시간과 자전하는 데 걸리는 시간이 같아. 정확히 말하면 달의 공전 주기와 자전 주기가 같다고 말하지. 이 말은 달이 조금씩 자전하면서 지구 주위를 한 바퀴 돈다는 말이야. 지구 주위를 한 바퀴 돌고 나면 달 스스로도 한 바퀴 자전한 셈이 돼. 달이 조금씩 자전하기 때문에 지구에서는 달의 한쪽 면만 볼 수 있게 되는 거야. 앞에서 엄마가 궁금이를 한 바퀴 돌 때 궁금이가 엄마의 앞모습만 보았던 것과 같은 원리야. (그림 3)

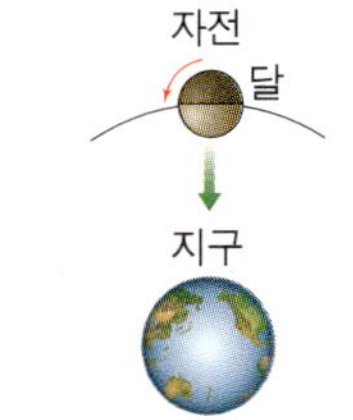

그림 1. 달이 자전만 하는 경우

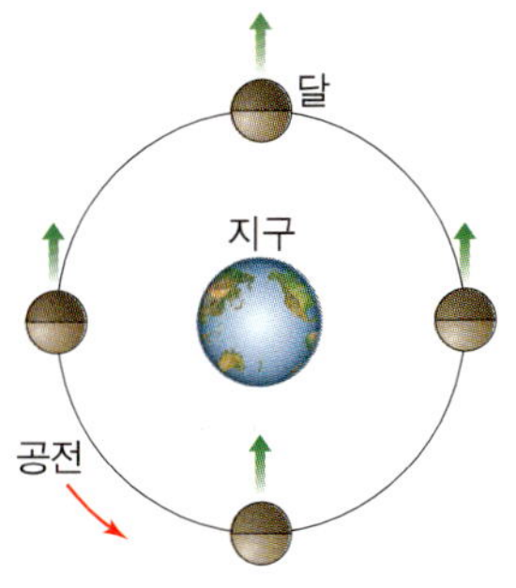

그림 2. 달이 공전만 하는 경우

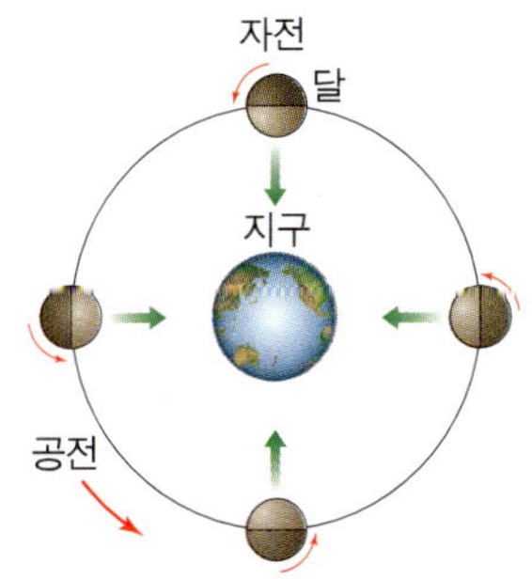

그림 3. 달이 공전과 자전을 하는 경우

아하! 개념

- 지구에서는 언제나 달의 한 면만 볼 수 있다.
- 달의 공전: 달이 지구 주위를 한 바퀴 도는 것
- 달의 자전: 달 스스로 한 바퀴 도는 것
- 달의 공전 주기와 자전 주기는 같다.

답 : O, X, X

# 북반구와 남반구에서 오늘 밤 보이는 달의 모양은 같다(X)

엉뚱이가 호주로 여행을 갔어. 호주에 대해 좀 더 알아볼까? 호주는 오스트레일리아 대륙에 있어. 정식 명칭은 오스트레일리아 연방이라고 해.

호주는 우리나라보다 남쪽 적도를 지난 곳에 있는 섬이야. 즉, 우리나라는 북반구에 있고, 호주는 남반구에 있지. 그래서 우리나라가 여름이면 호주는 겨울이 되고, 반대로 우리나라가 겨울이면 호주는 여름이 돼. 하지만 지구의 같은 편에 있기 때문에 우리가 밤일 때 호주도 밤이 돼.

그런데 호주에 여행 간 엉뚱이와 우리나라에 있는 황당이의 통화 내용을 보니 서로 다른 모양의 달을 이야기하고 있어.

엉뚱이 말대로 황당이가 달의 이름을 착각한 걸까? 아니면 실제로 보이는 달의 모양이 다른 걸까?

### 나의 오개념을 체크해 보자 

어느 나라나 오늘 밤에 보이는 달 모양은 같아.　　　　　◎　✖

남반구와 북반구에서 오늘 밤에 보이는 달 모양은 달라.　　　◎　✖

보름달이 뜬 날은 지구 어디서나 보름달을 볼 수 있어.　　　◎　✖

## 북반구와 남반구에서 보이는 달의 모양이 달라.

지구본 위에 우리나라와 호주 위치에 작은 인형을 각각 세웠다고 생각해봐. 두 인형 모두 지구본에 발을 딛고 있지만 머리가 향하는 부분은 서로 반대잖아. 하늘에 달이 떠 있다면 두 인형은 서로 거꾸로 된 모습을 보게 될 거야.

우리나라에서 오른쪽이 차 있는 상현달( )이 보인다면 호주에서는 왼쪽이 차 있는 하현달( )이 보이지. 직접 확인해 보고 싶다면 오른쪽 그림과 같이 벽에 반달 모양을 붙이고 똑바로 설 때와 물나무를 설 때 보이는 모양을 비교해 봐.

그렇다면 반달이 아닌 보름달의 모습을 호주에서 본다면 어떠할까? 우리나라에서 달 속의 계수나무와 토끼를 보았다면 호주에서는 이것들이 모두 거꾸로 보일 거야.

## 적도에서는 위쪽으로 볼록한 반달이 떠.

그렇다면 북반구도 아니고, 남반구도 아닌 적도에서 반달을 보면 어떻게 보일까? 우리나라처럼 오른쪽이 찬 모양으로 보일까, 호주처럼 왼쪽이 찬 모양으로 보일까?

적도에서 보이는 반달이 모습은 또 달라. 우리나라두 호주도 반달이 뜰 때와 질 때 기울어진 모습이 달랐지? 적도에서는 반달이 뜰 때 위쪽이 볼록하고 질 때는 아래쪽이 볼록해져.

우리나라와는 많은 것들이 거꾸로인 것을 알 수 있어.

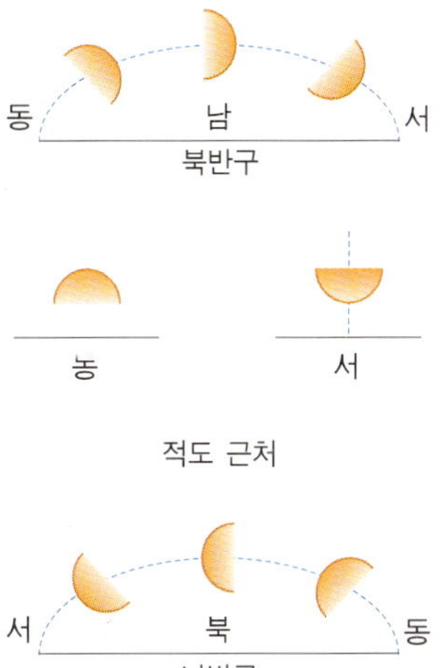




### 아하! 개념

- 남반구와 북반구에서 달의 모양은 반대로 보인다.
- 달의 위치나 밝은 부분은 변하지 않는다.
- 적도에서는 달이 뜨고 질 때 위, 아래로 볼록한 상현달이 보인다.

답 : X, O, O

# 28 우주에서도 소리를 들을 수 있다(X)

　　달이와 별이가 알 수 없는 행성에 불시착했어. 둘은 행성을 살피기 위해 우주선 밖으로 나왔지. 만일 무서운 외계인에게 잡히면 어떻게 될까? 달이와 별이는 잔뜩 긴장하며 주변을 살폈어. 아니나 다를까 달이는 멀리에서 외계인들이 다가오는 모습을 봤어. 다급해진 달이는 별이에게 빨리 우주선으로 도망가자고 소리쳤지. 그런데 별이는 멀뚱멀뚱 주변만 살피고 있는 거야. 아무리 소리쳐도 별이는 여전히 반응이 없었어.

　　결국 달이와 별이는 외계인에게 꼼짝없이 잡히는 신세가 되었어. 달이는 너무 화가 났어. 자기 말을 듣고도 모른 척하는 별이 때문에 잡혔다고 생각했거든.

　　별이는 무슨 생각으로 그런 행동을 했을까? 혹시 달이가 모르는 다른 이유가 있는 건 아닐까? 우주에 대해 알아보면 별이를 이해하게 될 거야.

### 나의 오개념을 체크해 보자 

땅에 귀를 대면 먼 곳에서 들리는 발자국 소리를 들을 수 있어.　　◎ ✖

우주에서도 귀 기울이면 친구의 말소리를 들을 수 있어.　　◎ ✖

말하는 사람이 내는 소리는 듣는 사람만 있으면 전달돼.　　◎ ✖

## 물체의 떨림으로 소리가 전달돼.

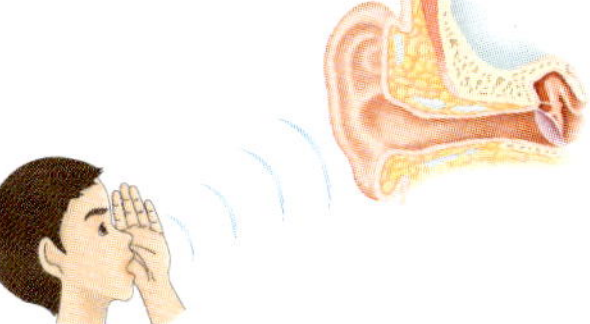

지금 바로 어떤 말이라도 해봐. 나의 목소리가 들리면서 목청(**성대**)이 떨림을 느낄 수 있을 거야. 바로 이 떨림에 의해 소리가 생기게 되는 거야. 이 소리를 어떻게 다른 사람이 들을 수 있게 될까? 그 비밀 또한 떨림에 있어.

내가 낸 목소리는 공기의 떨림에 의해 전달돼. 공기가 소리를 다른 사람의 귀까지 배달해 주는 게 아니라 마치 도미노처럼 공기의 떨림이 주변으로 전해지지. 마침내 우리의 고막까지 떨림이 전달되면 소리가 들리게 되는 거야.

공기와 같이 소리를 전달하는 물질을 매질이라고 하는데 공기 외에도 물, 나무, 실 등 다른 물체도 가능해.

하지만 물체의 상태나 종류에 따라 소리가 전달되는 정도는 달라.

> **성대** 소리를 만들어 내는 발음 기관 중 하나로 목청이라고도 한다. 공기가 들어가고 나가는 통로의 폭을 조절한다.

## 우주에는 공기가 없어서 소리가 들리지 않아.

그렇다면 공기가 없는 우주에서는 소리가 전달될 수 있을까? 우주에 공기가 전혀 없다고 말할 수는 없어. 그러나 우리는 우주 공간을 **진공** 상태라고 말해. 이는 무한히 넓은 우주에 공기가 없다고 말할 수 있을 정도로 아주 조금 존재하기 때문이야.

우주 공간에서 달이가 소리쳤을 때의 상황을 상상해 봐. 날이의 목소리가 목젖을 떨게 하면서 만들어진 순간 그 떨림은 더 이상 퍼져 나가지 못하게 될 거야. 떨릴 수 있는 공기가 주변에 없기 때문이지.

별이가 왜 멀뚱멀뚱 서 있었는지 이젠 이해할 수 있겠지? 만일 귀에 대고 가까이에서 소리를 질렀다 해도 고막을 떨리게 하지 못하니 소리는 들리지 않았을 거야.

> **진공** 물질이 전혀 없는 공간을 말하며 우주는 진공도가 높아 울림이 거의 존재하지 않는다.

## 아하! 개념

- 소리는 공기의 떨림이 사방으로 퍼져 나가며 전달된다.
- 공기의 떨림이 귀의 고막을 떨리게 하기 때문에 소리를 들을 수 있다.
- 우주는 공기가 없는 진공 상태이기 때문에 소리가 전달되지 않는다.

답 : O, X, X

**오개념 16**

**1** 이른 아침 화단에 가 보니 돌이 촉촉하게 젖어 있었고, 주위를 둘러보니 간밤에 비가 온 것 같지도 않았습니다. 돌을 촉촉하게 젖게 한 것은 어디에서 온 것일까요? 다음 중 바르게 추리한 것은 어느 것입니까? (　　　)

① 벌레들의 배설물　　　　　② 화단 흙 속의 물
③ 공기 중의 수증기　　　　　④ 돌멩이 속의 수분
⑤ 돌멩이 옆 식물에서 떨어진 물방울

**오개념 17**

**2** 다음은 바람이 부는 방향을 표시한 것입니다. 이 바람의 방향을 읽어 쓰시오.

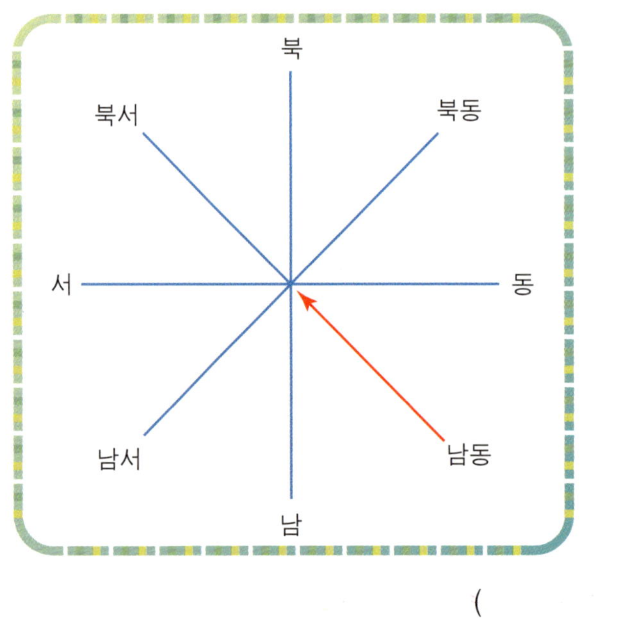


(　　　　　　　)

**오개념 19**

**3** 다음은 어느 지역의 산의 단면 그림입니다. 아래의 보기 중에서 이 그림에 대한 옳은 설명을 골라 짝지은 것은 어느 것입니까? (     )

┌─ 보기 ──────────────────────────┐
ㄱ 가장 나중에 만들어진 화석은 물고기 화석이다.

ㄴ 불가사리 화석이 물고기 화석보다 나중에 만들어졌다.

ㄷ 가장 오래된 층은 Ⓕ층이다.

ㄹ 이 산의 단면은 지층으로 볼 수 있다.

ㅁ 예전에는 바다였던 곳이다.
└────────────────────────────┘

① ㄱ, ㄴ, ㄹ
② ㄱ, ㅁ
③ ㄴ, ㄹ, ㅁ
④ ㄷ, ㄹ, ㅁ
⑤ ㄷ, ㅁ

**오개념 21**

**4** 화산의 모습과 관련된 설명으로 옳지 <u>않은</u> 것을 모두 고르시오.

(                    )

① 마그마는 지각의 약한 틈을 뚫고 나온다.

② 한번 폭발한 화산은 다시 폭발하지 않는다.

③ 화산이 폭발할 때에는 고체, 액체, 기체 물질이 분출된다.

④ 화산 폭발 후 분화구가 생기고, 그곳에 물이 고인 것을 온천이라고 한다.

⑤ 화산이 폭발할 때에는 지진이 일어나거나 유황 연기가 나오는 등의 증상이 나타난다.

**오개념 23**

**5** 지층과 화석을 조사하면 과거에 관한 많은 것을 알 아낼 수 있습니다. 화석을 통해 추리할 수 있는 것 을 세 가지 이상 쓰시오.

---

---

---

**오개념 24**

**6** 다음 중 낮에 서울 하늘에서 볼 수 <u>없는</u> 달은 어느 것입니까? (    )

① 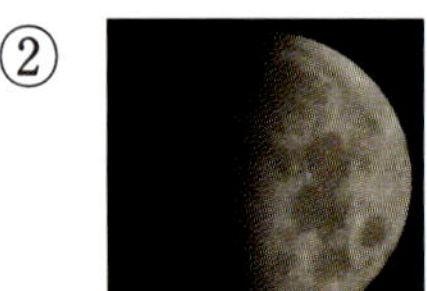
보름달

② 
상현달

③ 
하현달

④ 
초승달

⑤ 
그믐달

**7** 지구에서 몸무게가 60kg인 토돌이가 달나라에 갔습니다.
토돌이의 달나라에서의 몸무게는 얼마인지 고르시오.
( )

① 6kg　　　② 10kg　　　③ 30kg
④ 50kg　　　⑤ 60kg



**8** 오른쪽 사진과 같은 도구로 소리를 전달할 수 <u>없는</u>
곳을 모두 고르시오.
( )

① 사막　　　　　　② 달나라
③ 우주 공간　　　　④ 바다 한 가운데
⑤ 건물 안과 건물 밖

개념
물질

# 29 가루 물질은 고체가 아니다(X)

개념이는 코코아 가루를 모양이 다른 컵에 각각 담고 그 모양을 비교해 보았어. 그랬더니 코코아 가루가 컵의 모양에 따라 모양이 달라지는 거야.

"담는 그릇에 따라 모양이 달라지지 않으면 고체, 모양이 달라지면 액체니까 코코아 가루는 액체에 해당하는구나."

개념이의 이 말을 들은 순간 코코아 가루는 속이 상해서 소리쳤어.

"다시 한 번만 살펴봐. 자세히 보면 생각이 달라질 거야."

하지만 코코아 가루의 말이 들릴 리 없었지. 개념이가 다시 한 번 컵 속을 들여다 보며 중얼거렸어.

"정말 헷갈려. 모양이 다른 걸 보면 액체인데, 아무리 봐도 액체 같지는 않아."

코코아 가루는 마음이 조급해졌어.

"조금만 더, 조금만 더 자세히 살펴봐. 난 그대로 여기 있다고!"

이 말 또한 개념이는 들을 수 없었지. 코코아 가루는 개념이에게 무슨 말을 하고 싶었던 것일까? 개념이의 생각이 틀린 것이라면 어느 부분이 어떻게 틀린 것일까?

### 나의 오개념을 체크해 보자 

가루 물질은 물처럼 담는 그릇에 따라 모양이 변하니까 액체야. ○ ✕

가루 물질 알갱이의 모양은 담는 그릇이 달라져도 변하지 않아. ○ ✕

철가루는 자석에 의해 모양이 변하므로 고체가 아니야. ○ ✕

## 담는 그릇이 달라져도 가루 물질의 알갱이 모양은 변하지 않아.

동그란 빵을 여러 가지 다른 모양의 그릇에 담고 모양의 변화를 살펴봐. 설마 너무 작은 그릇을 준비해서 빵을 잘라 넣거나 힘껏 뭉쳐 넣은 것은 아니겠지? 그렇게 하지 않았다면 빵의 모양은 하나도 달라지지 않았을 거야.

자, 이번에는 빵을 만드는 재료인 밀가루를 여러 가지 모양의 그릇에 담아봐. 밀가루가 그릇의 모양에 따라 다른 모양이 되었다고? 아니야. 아직 결론을 내리기엔 일러.

돋보기를 준비해서 밀가루의 알갱이를 자세히 관찰해 봐. 아주 작은 알갱이들이 셀 수 없을 만큼 많은 것을 볼 수 있을 거야.

알갱이 하나의 모양은 어느 그릇에 담더라도 변하지 않아. 만일 가루 물질의 모양이 변했다고 한다면 그것은 가루 물질 전체를 하나의 덩어리로 생각했기 때문에 갖게 된 오개념이야. 즉 담는 그릇의 모양이 달라져도 가루 자체의 모양은 변하지 않지. 따라서 소금이나 밀가루 같은 가루 물질은 고체에 해당해.

**물질의 세 가지 상태**

- 고체 : 물질의 모양이나 부피가 변하지 않는다.
- 액체 : 물질의 모양은 변하지만, 압축해도 부피는 거의 변하지 않는다.
- 기체 : 물질의 모양도 변하고, 압축하면 부피도 변한다.

## 가루 물질마다 알갱이의 모양도 달라.

우리 주변을 잘 살펴봐. 설탕, 소금, 밀가루, **탄산수소나트륨**, 코코아 가루 등 여러 종류의 가루 물질이 있지? 밀가루와 탄산수소나트륨을 만져 보면 부드럽고, 소금이나 설탕을 만져보면 조금 까칠까칠해. 왜냐고? 이건 가루 물질의 알갱이 모양이 다르기 때문이야. 잘 봐. 소금은 납작한 네모 모양이고, 밀가루는 아주 작고 둥근 모양이야. 이렇게 알갱이의 모양과 크기에 따라 촉감도 달라지는 거야. 가루 물질도 알갱이의 크기만 아주 작을 뿐 고체 덩어리인 거지.

**탄산수소나트륨** 빵을 만들 때 잘 부풀게 하기 위해 사용하는 흰색 가루 물질로, 식소다라고도 한다.

### 아하! 개념

- 가루 물질은 담는 그릇에 따라 알갱이의 모양이 달라지지 않기 때문에 고체이다.
- 가루 물질의 종류는 다양하고, 가루 물질마다 알갱이의 모양이 다르다.

답 : X, O, X

# 10℃와 10℃의 물을 섞으면 20℃의 물이 된다(X)

색깔과 생김새가 꼭 닮은 사과 쌍둥이가 있었어. 둘은 몸무게도 똑같이 50g씩 나갔지. 사과 쌍둥이는 사이가 좋아서 항상 붙어 다녔어. 둘이 합치면 100g이 되어서 혼자일 때보다 함께 할 때 더 큰 힘이 되었거든.

물 쌍둥이는 저울 위의 사과 쌍둥이를 보며 시큰둥하게 말했어.

"50g씩 둘을 합치니 당연한 거지. 우리 둘이 합치면 20℃의 물 100g이 될 거야."

각자 온도가 10℃이고 몸무게가 50g인 물 쌍둥이는 말이 나온 김에 함께 뭉쳐 보자며 한 그릇으로 들어갔어. 이 모습을 보며 사과 쌍둥이는 부러워했지.

"함께 있으면 온도도 올라간다니 얼마나 따뜻하고 좋을까?"

하지만 결과는 그렇지 않았어. 물 쌍둥이의 몸무게는 100g이 되었지만 온도는 여전히 10℃였거든. 쌍둥이들은 모두 믿을 수 없다는 표정을 지었어. 그들은 온도는 더하면 늘어나는 무게와 그 개념이 다르다는 사실을 모르고 있었던 거야.

## 나의 오개념을 체크해 보자 

온도가 다른 두 그릇 속의 물을 섞으면, 두 물의 온도를 더한 온도의 물이 돼.　　◎ ✗

온도가 같은 두 그릇 속의 물을 섞으면, 물의 온도는 변하지 않아.　　◎ ✗

10℃의 물 20g과 30℃의 물 10g을 섞으면, 20℃보다 온도가 높은 물이 돼.　　◎ ✗

## 섞기 전의 온도보다 섞은 후의 온도가 더 높을 수는 없어!

세수나 목욕을 하기 위해 받아 놓은 물이 너무 뜨거우면 찬물을 더 넣어 주면 돼. 뜨거운 물에 찬물을 섞으면 미지근한 물이 되니까.

왜 그럴까? 그것은 뜨거운 물이 가지고 있던 에너지를 찬물에게 나누어 주기 때문이야. 그래서 뜨거운 물은 온도가 낮아지고, 찬물은 에너지를 얻어 온도가 높아지게 되지. 같은 양의 뜨거운 물과 찬물을 섞으면 중간 온도의 물이 돼.

예를 들어 같은 양의 80℃의 물과 40℃의 물을 섞으면 물의 온도는 80℃와 40℃의 중간인 60℃가 되는 거야. 그렇다면 같은 온도의 물을 섞으면 어떻게 될까? 같은 온도끼리는 가지고 있는 에너지의 양이 서로 같기 때문에 에너지를 나누어 갖지 않아. 그래서 온도에 변함이 없는 거야.

따라서 섞은 후 물의 온도는 섞기 전 물의 온도보다 절대로 더 높아질 수가 없어. 항상 에너지가 높은 쪽이 낮은 쪽에게 에너지를 나누어 주니까.

내가 도와줄게.
앗 뜨거워!

**섞은 물의 온도 계산**
20℃와 40℃의 물을 같은 양씩 섞었을 때, 물의 온도는 다음과 같이 계산하면 된다.
(20℃+40℃)÷2=30℃

## 서로 다른 온도, 다른 양의 물을 섞으면 양이 많은 쪽의 물의 온도에 가까워져.

80℃의 물 50g에 40℃의 물 100g을 섞으면 물의 온도는 60℃보다 높을까, 낮을까? 40℃ 물의 양이 80℃ 물의 양보다 더 많으므로 60℃보다 더 낮은 온도의 물이 돼. 하지만 반대로 80℃의 물 100g에 40℃의 물 50g을 섞으면 80℃의 물이 더 많기 때문에 60℃보다 높은 온도의 물이 되지.

### 아하! 개념

- 서로 다른 온도의 물을 섞으면 온도가 높은 물은 에너지를 주고, 낮은 물은 에너지를 받는다.
- 서로 다른 온도, 같은 양의 물을 섞었을 때, 섞은 후 물의 온도는 두 온도를 합한 온도의 중간이 된다.
- 서로 다른 온도, 다른 양의 물을 섞었을 때, 섞은 후의 물의 온도는 양이 많은 쪽의 물의 온도에 가까워진다.

답 : X, O, X

# 31 얼음과 물은 같은 물질이 아니다(X)

물이는 함께 지내던 친구와 헤어져 주전자에 남게 됐어. 친구는 냉동실로 들어갔지. 그러던 어느 날 물이는 친구를 만나기 위해 냉동실로 들어갔어. 하지만 냉동실 그 어디에도 친구의 모습은 보이지 않았지. 그때 낯선 모습을 한 누군가가 자신이 친구라며 물이를 불렀어.

"내 친구는 특별한 모양도 없고 자유롭게 흐르면서 움직였어. 그런데 넌 단단하고 흐르지도 않잖아. 넌 내 친구가 아니야. 나와 내 친구는 둘 다 물이었다고!"

물이는 쌀쌀맞게 쏘아붙였어. 얼마나 시간이 흘렀을까? 물이는 몸이 점점 단단해져서 더 이상 움직일 수 없게 되었지. 그때 아까 말을 나눴던 그 친구가 말했어.

"나도 너처럼 그렇게 변한거야. 물이야, 우리 모습은 바뀌었지만, 우린 여전히 물이야. 냉동실에서 얼었을 뿐, 너와 난 달라지지 않았어."

물이는 믿고 싶지 않았지만 어느덧 그 친구와 똑같은 모습으로 변해있었지.

## 나의 오개념을 체크해 보자 

물이 얼면 얼음이 돼.  ◎ ✕

물과 얼음은 서로 다른 모습이므로 다른 물질이야.  ◎ ✕

초가 녹으면 촛농이 돼.  ◎ ✕

## 물과 얼음을 이루는 분자는 같으므로, 같은 물질이야.

액체인 물을 얼리면 고체인 얼음이 되고, 고체인 얼음을 녹이면 액체인 물이 돼. 이렇게 온도나 압력에 따라 모습이 변하는 것을 상태 변화라고 해. 상태 변화를 해도 물질의 성질을 나타내는 가장 작은 알갱이인 분자는 변하지 않기 때문에 물질의 고유한 성질은 그대로 남아 있게 되지.

예를 들어 물 분자는 얼음이 되어도 변함없이 물 분자로 있게 돼. 그런데 물과 얼음 모두 물 분자로 되어 있는데 왜 서로서로 다른 모습을 하고 있는 것일까? 그것은 물 분자들이 배열되어 있는 모습이 다르기 때문이야. 얼음은 물 분자가 아주 규칙적으로 되어 있지만 물은 그보다 자유롭게 되어 있어. 즉 물 분자 자체는 변하지 않지만 배열되어 있는 모습이 다르기 때문에 겉모습이 달라 보이는 것이야.

물과 얼음뿐만 아니라 물이 끓어서 기체인 수증기가 되는 것도 모두 상태 변화의 예가 돼.

즉 얼음, 물, 그리고 수증기는 모양은 다르지만 모두 같은 물질인 거지.

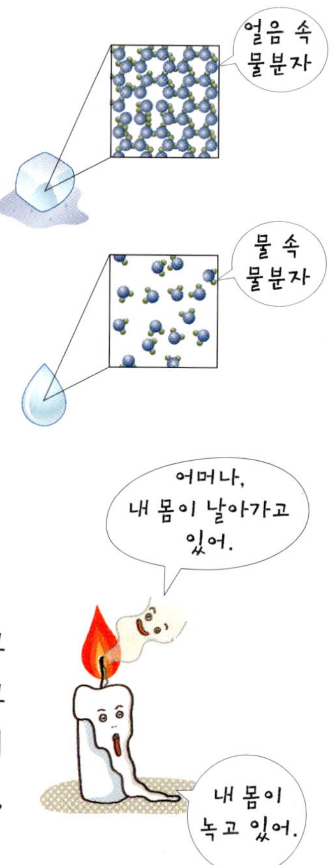


## 물이 아닌 다른 물질도 상태 변화를 해.

물 이외의 물질도 상태 변화를 해. 초를 예로 들어 볼까? 고체인 초를 녹이면 액체인 촛농이 되고, 이 촛농이 심지를 타고 올라가면 기체가 되어 공기 중으로 날아가. 이 세 가지 상태의 초는 모두 '파라핀'이라는 물질로 되어 있어. 따라서 초, 촛농, 기체가 된 초 모두 같은 물질이지.

### 아하! 개념

- 상태 변화에 의해 겉모습은 다르게 변하지만, 그 물질을 이루고 있는 기본 알갱이(분자)는 같다.
- 물과 얼음은 상태가 다른 것일 뿐 같은 물질이다.
- 물 이외의 다른 물질도 상태 변화를 한다.

답 : O, X, O

# 32 빈 유리컵 속에는 아무것도 없다(X)

육지에 사는 코끼리 아저씨와 바다에 사는 고래 아가씨의 결혼식이 열리는 날이야. 장소는 바다 밑 지하 2층. 늘 물 위에 떠 있던 종이배 삼 형제들도 결혼식에 참석하고 싶었어. 하지만 바다 밑으로 가려면 몸이 홀딱 젖고 말기 때문에 삼 형제 모두 엄두를 낼 수가 없었지.

종이배 삼 형제 중 맏형이 젖지 않고 결혼식에 참석할 수 있는 좋은 방법을 생각해 냈어. 바로 유리컵 엘리베이터를 이용하는 거야. 하지만 둘째와 셋째는 아무것도 없는 컵 속에 들어간 채 물속으로 내려간다면 물이 가득 들어올 거라면서 엘리베이터를 타지 않았어. 결국 첫째 혼자 유리컵 엘리베이터를 타고 바다 밑으로 내려갔지.

그 후 첫째는 어떻게 되었을까? 삼 형제 중에서 오개념을 가진 종이배는 누구일까?

### 나의 오개념을 체크해 보자

만질 수 없다면 아무것도 없다는 거야. ⭕ ❌

물체가 차지하는 공간의 크기를 부피라고 해. ⭕ ❌

기체는 부피를 가지고 있어. ⭕ ❌

## 유리컵 속에는 공기가 있어.

유리컵 속에 아무것도 없는 것 같지만 사실은 공기라는 물질로 가득 차 있어. 만일 물이 가득 차 있는 병을 기울여 물을 조금 따라내면, 따라낸 물의 양만큼 공기가 채워지지. 물론 물을 모두 따라내면, 병 속은 공기로 가득 채워져. 이처럼 공기는 그릇의 공간을 가득 채우는데, 그 공간이 공기의 부피에 해당해. 병이 500mL크기라면 병 속 공기의 양도 500mL가 되는 거야.

빈 수조에 물을 담고 종이배를 띄운 후 유리컵으로 덮어 내리눌러볼까? 유리컵 속에는 공기가 공간을 차지하고 있으니 물이 들어갈 공간은 없게 돼. 따라서 종이배는 물에 젖지 않고 무사히 수조의 바닥에 위치할 수 있어.

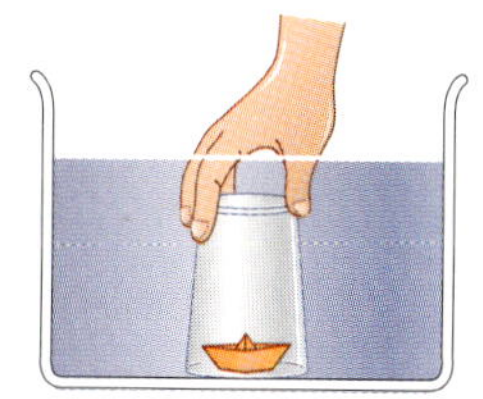

구멍이 없는 유리컵

이번엔 다른 조건으로 실험을 해보자! 유리컵 대신에 투명한 플라스틱 컵의 바닥에 구멍을 낸 후 종이배 위에 놓고 약간만 내리눌러보자. 이때 종이배는 원래의 위치에 그대로 있게 돼. 뚫린 구멍으로 공기가 모두 새어나가 공기가 들어 있던 컵 속을 물이 채우기 때문이지. 이 컵을 수조 밑바닥까지 누르면 종이배는 물에 젖고 말겠지?

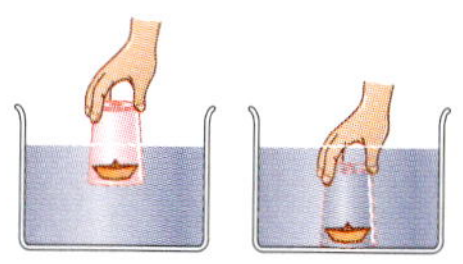

구멍이 나 있는 플라스틱컵

## 물의 중간에 종이배가 있게 할 수도 있어.

수조에서는 종이배가 중간에 있게 할 수 없지만 깊은 물 속에서는 가능해. 물의 깊이가 10m인 곳에서의 압력은 물 표면의 압력의 2배가 돼. 압력이 2배가 되면 공기의 부피는 반($\frac{1}{2}$)으로 줄어들어. 따라서 공기의 부피가 줄어들면 나머지 공간만큼 물이 들어가므로 종이배는 유리컵 속의 중간에 있게 되지. 하지만 이렇게 깊은 곳까지 유리컵을 넣어 본다는 것은 결코 쉬운 일이 아니겠지.

### 아하! 개념

- 유리컵 속에는 아무 것도 보이지 않지만, 공기로 가득 차 있다.
- 공기는 부피를 가지고 있다.
- 종이배를 물 위에 띄운 후 유리컵으로 덮어 내리누르면 물이 유리컵 속으로 들어오지 못하므로 종이배는 컵의 아래에 있다.

답 : X, O, O

# 33 철은 액체나 기체 상태가 없다(X)

물질나라에서 〈변신술 짱 선발대회〉가 열렸어. 각 지방에서 뽑힌 변신의 귀재들이 한 자리에 모였지. 그중에 최종 선발된 세 후보는 물, 나프탈렌, 철이야. 기호 1번 물은 얼면 고체가 되고, 녹으면 액체가 되며 끓으면 기체가 되는 특기를 자랑했어. 기호 2번 나프탈렌은 액체가 되기도 전에 바로 기체로 변하는 특기를 소개했어. 드디어 기호 3번, 철의 순서가 되었어. 철은 아주 높은 온도만 주어진다면 액체, 기체로 변신을 할 수 있다고 소개했어. 그러자 갑자기 관중들이 웅성대기 시작했어. 단단한 철이 액체, 기체로 변할 수 있다는 말이 믿기지 않았기 때문이지. 철판 요리를 할 때 뜨거운 열로 가열해도 철판이 녹지 않는 걸 떠올린다면 철의 액체와 기체 상태는 더욱 상상이 되지 않을 거야. 하지만 그건 물질의 단단한 정도를 가지고 물질의 녹는 온도를 판단하기 때문에 생기는 오개념이야. 철이 어떻게 액체나 기체로 변할 수 있는지 알아보자.

## 나의 오개념을 체크해 보자

철은 고체 상태로만 존재해.  　　　　　◎ ✖

소금은 액체나 기체 상태로 만들 수 없어.  　　　　　◎ ✖

산소는 액체나 고체 상태로 만들 수 없어.  　　　　　◎ ✖

# 오개념 탈출 물질의 단단한 정도와 열에 의한 상태 변화

## 철은 아주 높은 온도에서 상태가 변해.

실온(약 21~23℃)에서 물은 액체 상태, 철은 고체 상태, 산소는 기체 상태로 존재해. 온도를 변화시키면 다른 상태로 만들 수도 있지. 예를 들어 물은 약 0℃에서 고체로, 실온에서 액체로, 약 100℃에서 기체로 변하거든.

철은 웬만한 온도로 가열했을 때에는 전혀 변화가 없어. 적어도 1,500℃ 이상의 온도로 가열해야 액체인 쇳물로 변하지. 또한 약 2,750℃정도의 더 높은 온도로 가열하면 기체로도 만들 수 있어. 이렇게 높은 온도가 필요하다 보니 철이 액체나 기체가 되는 것을 흔히 보기가 어려운 것일 뿐이야.

## 상태가 변하는 온도는 물질마다 달라.

하지만 단단한 물질이라고 해서 모두 높은 온도에서 상태가 변하는 것은 아니야. 손가락으로 문지르면 쉽게 부수어지는 소금은 얼음보다 덜 단단하지만 얼음보다 매우 높은 온도에서 액체(약 800℃) 또는 기체(약 1,400℃)로 변해.

이처럼 상태가 변하는 온도는 물질마다 달라. 이것은 물질이 갖는 고유한 특성으로 단단한 정도와는 관련이 없다는 것을 알 수 있어.

그렇다면 기체는 액체나 고체로 어떻게 변할 수 있을까? 실온에서 기체 상태인 산소는 냉각시켜야 액체 또는 고체로 만들 수 있어. 산소가 액체로 변하기 위해서는 영하 183℃까지 냉각시켜야 하고, 고체로 변하기 위해서는 무려 영하 253℃까지 냉각시켜야 해. 어마어마하게 낮은 온도가 필요하지?

## 아하! 개념

- 철과 같이 단단한 물질도 액체나 기체 상태가 존재한다.
- 실온에서 고체 상태인 철이나 소금도 높은 온도로 가열해주면 액체 상태, 더 높은 온도로 가열해주면 기체 상태로 변한다.
- 실온에서 기체 상태인 산소는 낮은 온도로 냉각시켜주면 액체, 더 낮은 온도로 냉각시켜주면 고체 상태로 변한다.

답 : X, X, X

# 34 액체에서 고체로 되면 부피가 늘어난다(X)

물은 얼음이 되면서 몸짱이 되었대. 액체가 고체로 되면서 부피가 늘어났기 때문이지. 물처럼 몸짱이 되고 싶었던 액체 파라핀 초도 물을 따라 꽁꽁휘트니스 센터에 다니기로 했어.

그런데 초를 봐! 액체에서 고체로 되면서 몸짱이 되기는커녕 홀쭉이처럼 몸꽝이 되었어. 액체인 물과 초 모두 꽁꽁휘트니스 센터에서 고체가 되었는데 하나는 몸짱이고, 하나는 몸꽝이 되어버렸네. 이게 어떻게 된 일일까? 모든 액체는 고체가 되면서 부피가 늘어나는 줄 알았는데 그렇지 않은 걸까?

그건 물이 얼음이 될 때 부피가 늘어나는 단면적인 예를 보고 모든 액체도 그러할 것이라고 잘못 생각한 오개념이야. 액체의 상태 변화에 따른 부피 변화를 알아보자.

### 나의 오개념을 체크해 보자 

겨울철 수도관이 터지는 것은 물이 얼어 부피가 늘어났기 때문이야.     ◎ ✖

양초를 얼리면 부피가 늘어나.     ◎ ✖

물질의 세 가지 상태 중 액체 상태의 부피가 가장 작아.     ◎ ✖

## 물질이 액체에서 고체로 되면 부피가 줄어들어.

일반적으로 물질은 고체, 액체, 기체의 세 가지 상태로 존재해. 일정한 부피의 고체 물질을 가열하여 액체 물질로 변화시키면 그 부피가 커지고, 액체 물질을 기체 물질로 변화시키면 부피가 매우 많이 증가해. 반대로 기체→액체→고체로 변할 때에는 부피가 작아지지. 그것은 물질을 이루는 아주 작은 알갱이인 분자들의 배열 상태가 변하기 때문이야. 고체일 경우 분자는 질서 정연하게 좁은 간격으로 줄을 맞추어 배열되어 있어. 그러나 액체는 배열이 느슨하며 흐트러져 있어. 또한 기체는 각각의 알갱이들이 하나씩 멀리 떨어져 있지. 따라서 분자의 수가 같을 때, 고체보다 액체가, 액체보다 기체의 부피가 더 큰 거야.

실제로 액체 상태의 초를 모았다가 굳히면 윗부분이 움푹 들어가는 것을 볼 수 있어. 이것은 액체가 고체로 변하면서 부피가 줄어들기 때문이야.

고체의 분자 배열

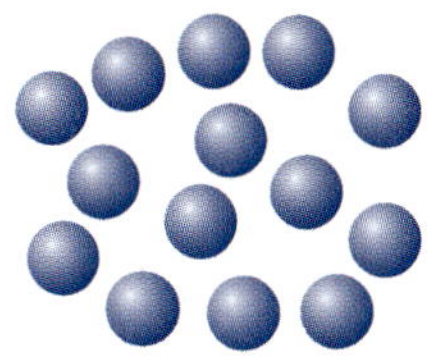

액체의 분자 배열

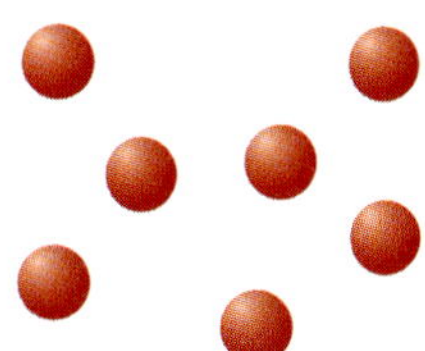

기체의 분자 배열

## 물은 특이해.

다른 물질과 달리 물은 액체에서 고체로 변하면서 부피가 늘어나. 이것은 물만이 갖는 아주 특이한 성질이야. 물이 얼음으로 변할 때, 물 분자들은 특이하게도 가운데를 빈 공간으로 남겨두는 육각 구조 모양으로 배열해. 이 구조 때문에 얼음의 부피가 더 커지게 되는 거지. 그러니까 물이 갖는 특이한 성질 때문에 나타나는 현상을 다른 물질에까지 함부로 적용시켜서는 안 되겠지?

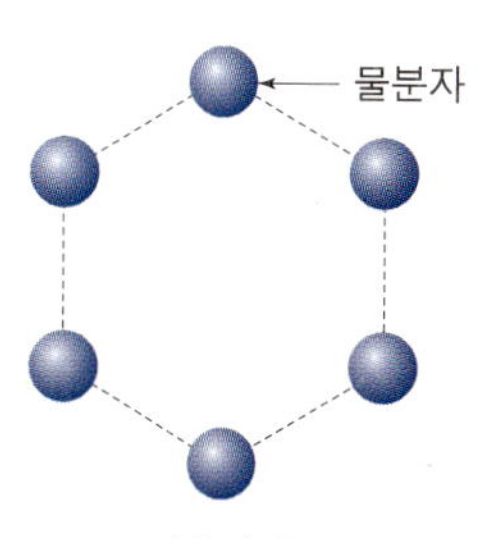


얼음의 구조

### 아하! 개념

- 물은 액체 상태보다 고체 상태일 때 부피가 더 커지는데 이것은 물만이 갖는 특이한 성질이다.
- 일반적으로 물질은 고체 → 액체 → 기체로 변해갈수록 부피가 커진다.

답 : O, X, X

# 물이 얼면 무거워진다(X)

　　냉동실의 요구르트는 요즘 들어 부쩍 몸이 뚱뚱해졌어. 얼기 전까지만 해도 플라스틱 병이 몸에 딱 맞았는데, 언 후부터는 위로 불룩, 아래로 불룩, 터질 것 같아졌지. 뚱보가 된 요구르트는 스트레스를 받았어. 꽁꽁 얼면서 몸집이 커졌기 때문에 몸무게도 많이 나갈 거라고 생각했거든.

　　뚱보 요구르트는 결국 헬스장을 찾았어. 그리고 친구들이 걱정할 만큼 격하게 운동을 했지. 온종일 러닝머신을 뛰며 몸무게를 줄여야 한다는 생각만 했어. 하지만 정말 뚱보 요구르트의 생각이 옳은 것일까? 그건 물이 얼면서 부피가 늘어남에 따라 무게도 함께 무거워질 것이라고 생각해서 생긴 오개념이야. 물질이 상태 변화를 함에 따라 부피와 무게가 어떻게 변하는지 알면, 뚱보 요구르트의 노력이 좀 안쓰럽게 생각될지도 몰라.

### 나의 오개념을 체크해 보자

물이 수증기가 되면 무게가 가벼워져. 　　　　　　　　　　　◎ ✖

얼음보다 물이 더 가벼워. 　　　　　　　　　　　　　　　◎ ✖

상태의 변화는 무게나 부피에 영향을 줘. 　　　　　　　　　◎ ✖

## 물질이 상태 변화를 해도 그 무게는 변하지 않아.

상태가 변할 때에는 물질의 일부분이 없어지거나 새로운 물질이 첨가되지 않아. 단지 분자들의 배열만 달라질 뿐이야. 그렇기 때문에 그 무게는 전혀 변하지 않지.

즉 물이 얼음이 되면 부피가 9%정도 늘어나지만 그 무게는 변하지 않는다는 거야.

물이 수증기가 되는 경우도 마찬가지지. 물이 수증기가 되면 부피가 약 1,244배나 증가하지만 무게는 변하지 않아.

즉 20g의 물을 냉각시키면 20g의 얼음이 되고, 가열하면 20g의 수증기가 되는 거야.

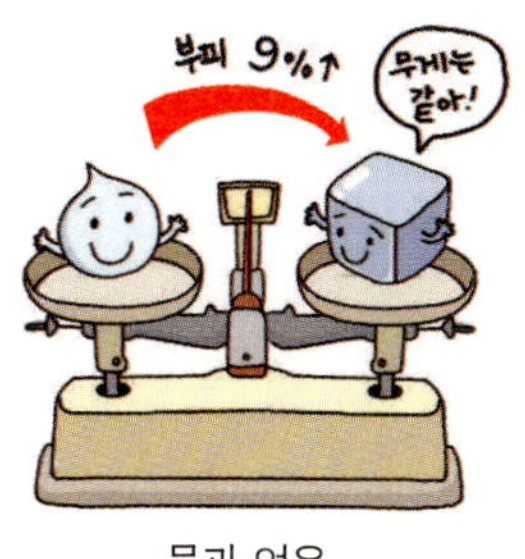

물과 얼음

물과 수증기

## 얼음보다 물의 밀도가 더 커.

물이 얼음으로 변하거나 얼음이 물로 변해도 무게는 변하지 않는다면서 왜 얼음은 물에 뜨는 걸까? 이런 의문을 갖는 경우가 많은데, 물질이 뜨고 가라앉는 것은 무게만으로 설명할 수 있는 게 아니야. 부피와 무게(더 정확히 말하자면 질량), 두 가지 요인을 함께 살펴봐야 해. 물이 얼음으로 변하면 부피가 증가한다고 했지? 이것을 바꿔 말하면 같은 부피일 때 얼음이 물보다 더 가볍다고 할 수 있어. 이처럼 일정한 부피가 가지는 무게를 밀도라고 해.

즉 얼음의 밀도는 물의 밀도보다 더 작다고 할 수 있지. 그래서 물에 얼음을 넣으면 얼음이 물 위에 뜨는 거야.

### 아하! 개념

- 물이 얼음이 되면 부피가 증가하지만 무게는 변하지 않는다.
- 물이 수증기가 되면 부피가 크게 증가하지만 무게는 변하지 않는다.
- 물질이 상태 변화할 때 부피는 변하지만 무게는 변하지 않는다.

답 : X, X, X

# 36 차가운 열이 물에 들어가면 얼음이 된다(X)

개념이와 황당이는 물을 얼음으로 만들기 위해 어떻게 해야 할지에 대해 이야기를 나눴어. 둘 다 물을 냉동실에 넣어야 얼음이 된다고 하는 것으로 보아, 상태 변화는 열과 관계가 있다는 것에 의견이 일치했어. 하지만 상태 변화 그 자체를 열로 설명하는 것이 쉽지 않았지. 황당이는 다음과 같이 말했어.

"열에는 차가운 것과 뜨거운 것이 있어. 드라이어에 온풍과 냉풍이 있듯이 말이야. 얼음에 뜨거운 열을 넣어주면 물이 되는 것이고, 물에 차가운 열을 넣어주면 얼음이 되는 거야. 우리가 물을 냉동실에 넣는 것도 바로 냉동실에서 만든 차가운 열을 물에 넣어주기 위한 것이야."

황당이의 말에 개념이는 갸우뚱거렸어. 그 말이 맞는 것 같기도 하고 아닌 것 같기도 하지만, 일단 믿어 보기로 했지. 하지만 그건 열에 대해 잘못 이해했기 때문이야. 물질에 뜨거운 열이나 차가운 열이 들어가는 게 아니라 열이 들어가기도 하고 빠져나가기도 한다는 사실을 몰랐기 때문이지.

### 나의 오개념을 체크해 보자 

열에는 차가운 열과 뜨거운 열이 있어.   ◎ ✖

더운물 속에 넣은 찬 우유는 열을 얻어.   ◎ ✖

액체에 차가운 열이 들어가면 고체로 변해.   ◎ ✖

## 물이 열을 얻거나 빼앗기면 상태 변화가 생겨.

얼음이 물이 되려면 얼음은 열(에너지)을 얻어야 해. 열은 온도가 높은 곳에서 낮은 곳으로 이동하지? 얼음이 녹는 것도 이 원리야. 얼음이 공기 중에 있으면 공기의 온도가 얼음보다 높으니까 공기의 열이 얼음으로 이동해. 그래서 얼음이 녹게 되는 거야. 열을 얻으면서 얼음은 서서히 녹아 액체로 변하게 돼.

물이 어는 경우는 그 반대야. 물이 얼음이 되려면 물은 자신이 가진 열을 외부로 빼앗겨야 해. 열을 빼앗기면서 물은 서서히 고체로 바뀌게 되지.

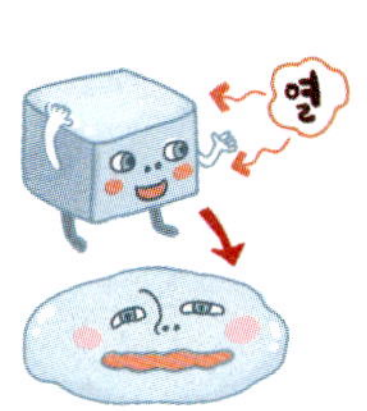


즉 얼음이 물이 되려면 열을 얻어야 하고, 물이 얼음이 되려면 열을 빼앗겨야 해. 이처럼 열은 얻을 수도, 빼앗길 수도 있는 거야.

## 물이 열을 얻으면 수증기가 되고, 열을 빼앗기면 얼음이 돼.

물이 얼음으로 변할 때를 생각해 봐. 물을 냉동실에 두면 얼음으로 변하는데, 물은 냉동실에 비해 상대적으로 따뜻해. 열은 얻을 수도, 빼앗길 수도 있다고 했지? 물은 냉동실에서 열을 빼앗기게 돼. 물이 냉동실보다 온도가 높으니까 물의 열이 냉동실로 이동하는 거야. 그래서 물의 온도가 계속 내려가는 거지. 그러다가 물의 열이 계속 빠져나가면 약 0℃에서 얼음으로 변해.

이번엔 물이 수증기로 변할 때를 생각해 볼까? 물은 열을 얻으면 기체 상태인 수증기가 돼. 그때의 온도는 약 100℃이지.

즉 액체가 열을 빼앗기면 온도가 내려가다가 고체로 변하고, 액체가 열을 얻으면 온도가 올라가다가 기체로 변해. 그러므로 뜨거운 열과 차가운 열이라는 것은 없는 거야.

## 아하! 개념

- 열은 서로 다른 온도의 물체가 서로 접촉해 있을 때, 높은 온도의 물체에서 낮은 온도의 물체로 이동한다.
- 열이 빠져나가면 온도가 낮아지고, 열이 들어오면 온도가 높아진다.
- 물이 얼음으로 변한 것은 열이 빠져나갔기 때문이다.

답 : X, O, X

# 37 컵 속 얼음이 녹으면 물의 높이는 높아진다 (X)

신나게 데이트하던 개미커플. 이를 어째? 어쩌다 얼음물이 담긴 컵에 퐁당 빠지고 말았어. 겨우 수면 위에 올라섰지만 컵 밖으로 빠져나가기가 너무 힘들었지. 마지막 희망은 얼음이 녹기만을 기다리는 거야. 얼음이 다 녹으면 물의 높이가 높아지니까 물이 넘쳐서 빠져나갈 수 있다고 생각했지. 둘은 함께 얼음이 녹기만을 기다렸어.

마침내 기다리고 기다리던 얼음이 다 녹았어. 그런데 이게 어떻게 된 일이지? 물의 높이가 얼음이 있을 때와 달라지지 않았던 거야. 결국 개미커플은 안타깝게도 물 밖으로 빠져나오지 못했지.

얼음이 녹으면 얼음의 부피만큼 수면이 높아지는 것이 아닐까? 언뜻 뉴스에서 빙산이 녹아 해수면이 높아졌다는 이야기를 들은 기억이 나는데 말이야. 하지만 이것은 얼음이 녹아서 물이 될 때 부피가 줄어든다는 사실을 몰라서 생긴 오개념이야. 얼음과 물의 관계를 알아보자.

## 나의 오개념을 체크해 보자 

물을 얼린 후 물에 넣으면, 원래 물의 양만큼 얼음이 물에 잠겨.　　◯　✘

지구온난화로 해수면이 높아지는 것은 바다의 빙산이 녹기 때문이야.　　◯　✘

## 얼음이 녹기 전과 후 물의 높이는 같아.

물이 얼음이 되면 부피는 약 9% 증가하지만 무게는 변하지 않아. 따라서 얼음이 물 위에 뜨게 되지. 즉, 얼음의 밀도가 물의 밀도보다 낮기 때문에 얼음이 물 위에 뜨는 것이지. 물 밖에 나와 있는 얼음의 부피는 물이 얼음으로 변할 때 증가된 부피와 같아. 예를 들어, 부피 100mL의 물을 얼리면 109mL의 얼음이 돼. 이 얼음을 물에 띄우면 물속에 100mL가 잠겨 있고, 물 위에 9mL가 떠 있게 되지. 이 얼음이 모두 녹아 물이 되면 늘어났던 부피는 다시 줄어들므로 물의 부피는 100mL가 돼. 결국 얼음이 녹기 전과 후의 물의 높이는 같게 되는 거야.

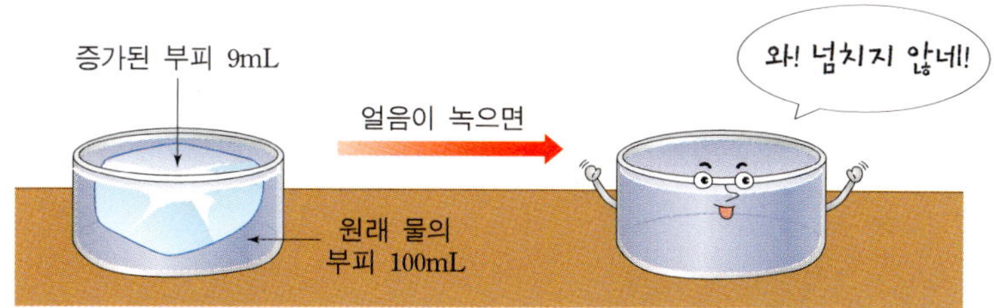


다른 방법으로 생각해 보자. 먼저 물속에 잠긴 얼음을 고려했을 때, 이것이 녹으면 얼음이 차지했던 부피보다 적은 양의 물이 되므로 물의 높이가 낮아지게 돼. 하지만 물 밖에 나와 있는 얼음이 물로 변하면서 낮아진 물의 높이를 다시 채워주기 때문에 결국 물의 높이는 같아지게 되는 거야.

## 빙산은 해수면의 높이에 영향을 주지 않아.

그렇다면 지구온난화로 빙산이 녹고, 이로 인해 해수면이 높아졌다는 뉴스 내용은 잘못된 것이었을까? 그것은 바다의 빙산이 아니라 육지의 빙하 때문이야. 즉 육지에 있는 **만년설**과 같은 빙하가 녹아 바다로 흘러들어오기 때문이지. 바다에 있는 빙산은 해수면의 높이 변화에 거의 영향을 미치지 않거든.

**만년설** 높은 산이나 극지방에는 기온이 낮으므로 내리는 눈의 양이 녹는 눈의 양보다 많다. 그래서 1년 내내 눈을 볼 수 있는데, 이러한 눈을 만년설이라 한다.

## 아하! 개념

- 얼음이 얼면서 늘어난 부피만큼의 얼음이 물 위에 뜬다.
- 얼음이 녹기 전과 후의 물의 높이는 같다.
- 지구온난화로 해수면이 높아지는 것은 육지에 있는 만년설과 같은 빙하가 녹아 바다로 흘러들어오기 때문이다.

답 : O, X

# 38 물은 언제나 100℃에서 끓는다(X)

물이는 불꽃 위에 앉아서 100℃까지 온도가 올라가기만을 기다렸어. 그래야 보글보글 끓을 수 있기 때문이지. 하지만 성질 급한 물이는 더 이상 기다릴 수가 없었어. '어떻게 하면 좀 더 빨리 끓을 수 있을까' 늘 고민했지.

그러던 어느 날 친구가 높은 산에 올라가면 빨리 끓을 수 있다는 소식을 알려 주었어. 물이는 당장 산꼭대기로 올라가고 싶었지. 하지만 올라가야 하는 산꼭대기는 너무 힘들고 먼 곳이었어.

"물은 100℃에서 끓는데, 높은 곳에 간다고 해서 더 낮은 온도에서 끓을 수 있을까?"

물이는 친구의 말을 의심했어. 만약 산 위에서 100℃가 되기 전 끓을 수 있다면 다행이지만, 사실과 다르다면 헛고생만 하게 될 테니까 말이야. 정말 높은 산에 올라가면 100℃가 되기도 전에 물이 끓을 수 있을까?

### 나의 오개념을 체크해 보자 

산에서나 집에서나 물은 같은 온도에서 끓어.   ◎ ✖

물이 끓는 온도는 항상 100℃야.   ◎ ✖

높은 산은 평지보다 공기의 양이 더 적어.   ◎ ✖

## 물은 압력에 따라 끓는 온도가 달라.

우리가 일반적으로 생활하는 곳의 기압은 약 1기압이야. 기압이란 공기의 **압력**인데, 1기압에서는 물이 100℃에서 끓지. 물이 끓는 온도는 기압의 영향을 받거든.

높은 산에 올라갈수록 공기의 양은 점점 적어져. 그러니 기압도 낮아지게 되지. 그렇다면 물이 끓는 온도는 어떻게 될까? 한라산(1950m)에서는 물이 95℃에서 끓고, 백두산(2744m)에서는 물이 90℃에서 끓는다고 해. 즉, 산의 높이가 높을수록 기압이 낮아지니까, 기압이 낮을수록 물이 끓는 온도도 낮아지는 거야. 그래서 산 위에서 밥을 지으면 물이 100℃보다 낮은 온도에서 끓기 때문에 밥이 설익게 돼. 그럴 땐 코펠 위에 돌멩이를 얹어서 코펠에 작용하는 압력을 크게 만들어 주는 게 좋아. 그럼 물이 충분히 높은 온도에서 끓기 때문에 제대로 된 밥을 지을 수 있어.

**압력** 단위 면적에서 물체가 바닥면을 수직으로 누르는 힘의 크기를 말한다.

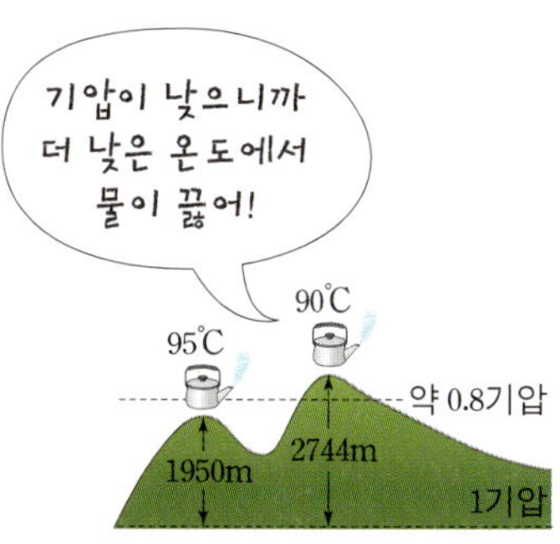


## 압력밥솥은 압력을 높여서 높은 온도에서 물이 끓게 해.

반대로 압력이 높아지면 물은 당연히 100℃보다 높은 온도에서 끓겠지. 압력밥솥은 바로 이 원리를 이용한 것이야.

밥은 호화 현상(쌀의 조직이 헐거워져서 차지게 되는 현상)이 잘 일어나야 맛있게 되는데, 이 호화 현상은 온도와 압력이 높을수록 잘 돼. 압력밥솥에 쌀과 물을 넣고 끓이면 솥의 내부 압력이 약 2기압까지 올라가게 돼. 1기압에서 100℃에서 끓던 물이 2기압에서는 약 120℃에서 끓게 되지.

이처럼 압력밥솥에 밥을 지었을 때 밥이 더 차지고 맛있게 느껴지는 이유가 바로 높은 온도와 높은 압력에 있는 것이야.

### 아하! 개념

- 우리가 일반적으로 생활하는 곳에서 물은 100℃에서 끓지만 물이 끓는 온도는 압력에 따라 달라진다.
- 압력이 높아지면 물이 끓는 온도도 높아지고, 압력이 낮아지면 물이 끓는 온도도 낮아진다.

답 : X, X, O

# 오개념 39 기차선로가 가열되면 길이만 늘어난다 (X)

견우와 직녀 이야기를 알고 있니? 서로 사랑하지만 만날 수 없는 사이. 일 년에 딱 한 번 만나야 하는 운명의 사랑이야기 말이야. 기차선로에도 견우와 직녀와 같은 이야기가 숨어 있대. 기차의 선로에는 갈라진 틈이 있어. 이 틈을 사이로 양쪽의 선로는 서로 사랑하는 사이였지. 그런데 이들은 추운 겨울에는 서로 만날 수 없었어. 겨울이 가고 좀 더 따뜻해져야 가까이 갈 수 있었지. 그들에게 겨울은 견디기 힘든 계절이야. 그들이 이렇게 헤어지게 된 것은 열에 의해 몸의 크기가 달라지기 때문이야. 그들은 온도가 높아지면 몸의 길이가 길어지고 다시 추워지면 몸의 길이가 줄어들었거든. 그래서 기차의 안전을 위해 이렇게 틈을 남겨 둔 것이지. 그런데 두 선로는 길이만 달라지는 것일까, 아니면 굵기도 달라지는 것일까? 눈으로 확인하기는 좀 어려운 것 같아. 금속인 견우 선로와 직녀 선로는 계절이 바뀜에 따라 몸에 어떤 변화가 생기는지 알아보자.

### 나의 오개념을 체크해 보자 

| | |
|---|---|
| 금속은 겨울철에 많이 늘어나. | ⭕ ❌ |
| 아스팔트도 가열하면 늘어나. | ⭕ ❌ |
| 가열했을 때 금속만 부피가 늘어나고, 다른 물질은 늘어나지 않아. | ⭕ ❌ |

### 온도에 따라 두께도 변화해.

금속선을 가열하면 부피가 늘어나. 부피가 늘어난다는 것은 길이뿐만 아니라 두께의 변화도 함께 일어남을 말해. 즉 길이만 길어지는 것이 아니라 두께도 두꺼워지는 거야. 그런데 전선이나 철도의 선로를 보면 길이가 변한 것만 느낄 수 있어. 왜 그럴까? 온도가 10℃ 올라갈 때, 10m마다 1cm씩 늘어나는 물질이 있다고 가정하자. 이 물질의 길이가 1000m이면 100cm 늘어나겠지? 이렇게 우리는 길이의 변화를 쉽게 알 수 있어.

하지만 두께는 길이보다 변화의 차이가 크지 않아. 이 물질의 두께가 10cm라면 두께는 0.02cm 두꺼워져. 즉 두께도 온도에 따라 변화하지만 두께가 두꺼워지는 것은 눈에 잘 띄지 않을 뿐이야.

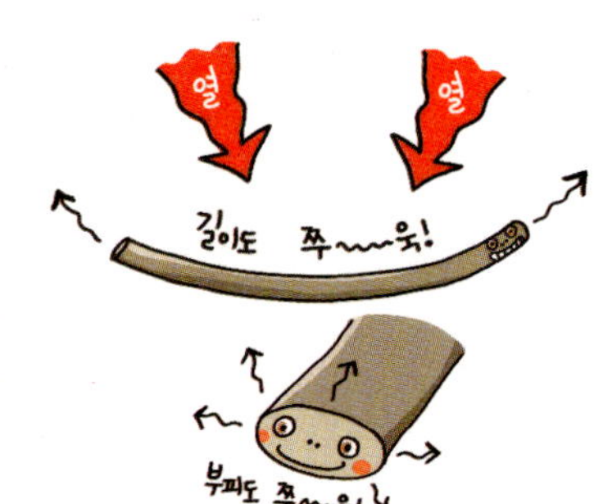


### 물질은 열을 받으면 부피가 늘어나.

금속뿐만 아니라 다른 물질도 열을 받으면 부피가 늘어나. 하지만 늘어나는 정도는 물질마다 다르지. 온도계의 빨간색 알코올 기둥은 온도가 높으면 올라가. 이것이 바로 알코올의 부피가 증가하는 것이지. 그렇다면 알코올을 둘러싸고 있는 가는 유리관은 부피가 증가하지 않을까? 액체인 알코올이 증가하는 정도보다 고체인 유리관이 증가하는 정도는 아주 적어. 그래서 유리관에 알코올을 담아 온도계로 사용할 수 있는 것이지.

물체의 부피가 온도가 올라감에 따라 증가하는 현상을 물체의 열팽창이라고 해. 일반적으로 기체, 액체, 고체 순으로 열팽창이 잘 일어나. 철로의 틈새, 온도계, 다리의 이음매, 전신주의 전선 등이 이 열팽창을 우리 생활에 이용한 예이지.

### 아하! 개념

- 금속선을 가열하면 길이만 늘어나는 것이 아니라 두께도 두꺼워진다.
- 두께에 비해 길이가 매우 길므로 길이 변화를 쉽게 볼 수 있을 뿐이다.
- 가열하면 금속뿐만 아니라 콘크리트, 물, 공기 등 물질의 부피가 증가한다.

답 : X, O, X

# 40 쇠고리를 가열하면 구멍이 작아진다(X)

돌이씨는 순이씨에게 드디어 청혼하기로 마음먹었어. 비록 값비싼 것은 아니지만 쇠반지로 마음을 보여주기로 했지. 앗! 하지만 반지가 순이씨의 손가락에 너무 컸어. 돌이씨는 당황했지. 그때 쇠를 가열하면 부피가 커진다는 것을 생각해냈어. 쇠반지를 가열하면 부피가 커지니까 반지 구멍은 반대로 작아질 거라고 생각한 거야.  이렇게 말이야.

돌이씨는 잠시 순이씨를 세워두고 불꽃으로 반지를 가열했어. 가열한 반지를 다시 순이씨의 손가락에 끼웠어. 그런데 어쩌지? 구멍이 아까보다 더 커져 버린 거야. 쇠를 가열하면 부피가 늘어난다는 것까지는 맞았는데, 구멍이 작아질 거라는 예상은 틀렸던 거야. 돌이씨의 오개념 때문에 고백은 물 건너갔어. 쇠반지를 가열할 때 어떻게 변하는지 좀 더 공부한 후에 고백해야 할 것 같아.

### 나의 오개념을 체크해 보자

쇠고리를 가열하면 쇠고리의 크기가 작아져. ⭕ ❌

가열했던 쇠고리를 식히면 쇠고리의 구멍은 작아져. ⭕ ❌

금속마다 부피가 늘어나는 정도는 같아. ⭕ ❌

## 쇠고리를 가열하면 쇠고리 구멍도 커져.

쇠고리는 아주 작은 알갱이로 이루어져 있어. 이들은 일정한 간격으로 수없이 많이 모여 있어. 쇠고리를 가열하면 알갱이 사이의 간격이 약간씩 더 멀어지게 돼. 그래서 부피가 늘어나는 것이지. 그렇다면 가열했을 때 쇠고리 구멍의 크기는 어떻게 될까? 언뜻 생각하면 쇠고리가 굵어지므로 구멍의 크기는 줄어들 것 같아. 하지만 다음과 같이 생각하면 해답을 쉽게 찾아낼 수 있을 거야.

쇠고리를 쇠톱으로 자른 후 길게 펴는 거야. 그럼 기다란 쇠막대 모양이 되겠지? 그런 후 가열하면 쇠막대는 폭도 넓어지지만 길이도 길어져. 이것을 다시 쇠고리처럼 둥글게 오므려 보면, 구멍은 더 커진다는 것을 알 수 있어.

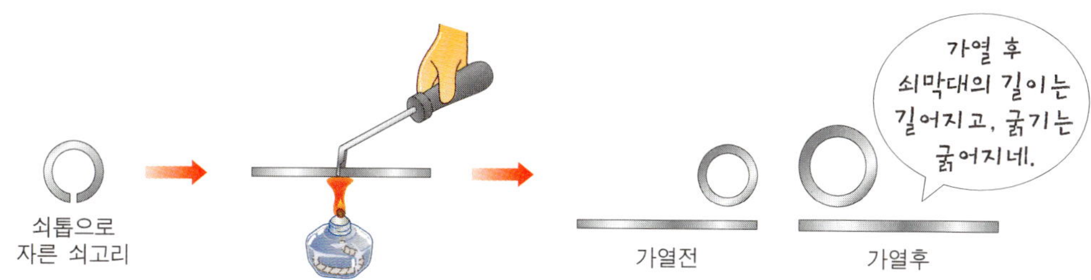


## 쇠구슬과 쇠고리를 모두 가열하면 쇠구슬이 쇠고리를 통과해.

쇠고리와 쇠고리를 겨우 통과하는 쇠구슬을 준비해서 모두 가열하면 과연 쇠구슬이 쇠고리를 통과할 수 있을까? 대답은 의외로 간단해. 가열하면 쇠구슬도 커지고, 쇠고리의 구멍도 커지므로 결국 쇠구슬은 쇠고리를 통과할 수 있어. 단, 쇠구슬과 쇠고리는 같은 금속으로 만든 것이어야 해. 금속마다 열에 의해 늘어나는 정도가 다르기 때문이지.

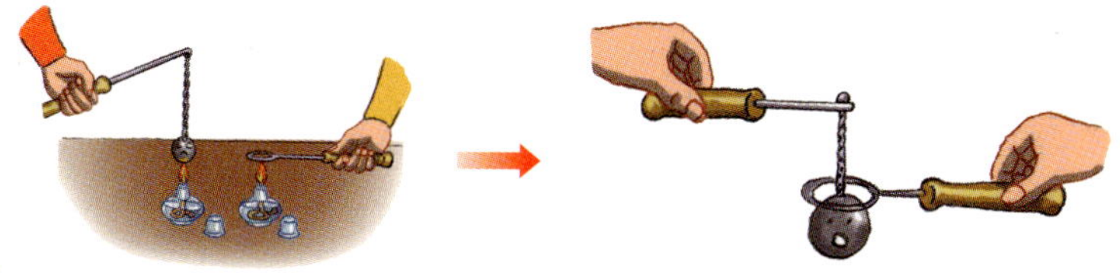

### 아하! 개념

- 쇠고리를 가열하면 금속의 폭이 넓어지고 두께도 두꺼워지지만 길이도 길어져서 결국 구멍의 크기가 커진다.
- 같은 금속으로 만들어진 쇠고리와 쇠구슬이 있고, 쇠구슬이 쇠고리를 통과할 때, 쇠고리와 쇠구슬을 모두 가열하면 쇠구슬은 쇠고리를 통과한다.

답 : X, O, X

# 41 가루 물질이 물에 녹으면 없어진다(X)

가루 나라에는 설탕, 소금, 밀가루, 탄산수소나트륨, 황산구리 가루 등 수많은 가루 물질들이 사이좋게 살고 있었어. 가루마다 색깔과 알갱이의 크기, 알갱이의 모양이 다양했지. 하지만 워낙 알갱이들이 작아서 여러 종류가 뒤섞여 있으면 하나하나를 찾아내기가 쉽지 않아 사는 데 불편한 점도 있었어. 그중에서도 가장 심각한 것은 범인을 찾아내는 일이었어.

어느 날 상습 도주범인 설탕의 현상수배가 내려졌어. 아니나 다를까 문제는 이 설탕이 흰색이어서 다른 흰 가루 물질들과 섞여 있으면 눈에 잘 띄지 않는다는 것이었어. 뿐만 아니라 물속으로 들어가 버리면 금세 사라져 버려 손도 쓰지 못했지. 수많은 물컵 중 어느 것에 들어가 숨었는지 어떻게 알 수가 있겠어. 도대체 설탕은 어떤 재주가 있기에 그렇게 잘 숨을 수 있는 걸까?

### 나의 오개념을 체크해 보자 

물맛이 달면 물속에 설탕이 녹아 있다는 거야.    ◎ ✗

설탕이 물속에 들어가면 보이지 않으므로 없어진 거지.    ◎ ✗

100g의 물에 설탕 10g을 넣으면 100g이 돼.    ◎ ✗

## 가루 물질을 물에 넣으면 아주 작은 알갱이로 쪼개져.

설탕을 잘 관찰해 봐. 설탕 가루 알갱이 하나하나를 볼 수 있어. 이 알갱이 한 알을 쪼개면 더 작은 알갱이가 되겠지? 계속해서 알갱이를 쪼개면 점점 더 작은 알갱이가 되어 마침내 설탕을 이루는 가장 기본적인 알갱이가 될 거야. 이런 알갱이를 우리는 분자라고 해. 분자는 너무 작아서 눈으로는 볼 수 없어. 그러니 맨손으로 직접 설탕 알갱이를 설탕 분자로 쪼개는 것은 불가능하지. 하지만 한 가지 아주 쉬운 방법이 있어. 바로 물에 녹이는 것이야.

설탕을 물에 넣었을 때, 우리 눈에 보이지 않는 이유는 바로 물에 의해 설탕이 설탕 분자로 쪼개졌기 때문이야. 설탕은 분자 상태로 물 속에 존재하는 것이지. 그걸 어떻게 아냐고? 설탕을 넣은 물을 마셔 봐! 단맛이 나지? 그게 바로 설탕이 물속에 있다는 증거야.

그럼 어떻게 물속에 녹은 현상수배자를 잡을 수 있을까? 그건 간단해. 설탕물을 햇빛이 잘 드는 곳에 놓아 물을 증발시키면 돼. 그릇에 남아 있는 것이 설탕이야.

**분자** 물질의 성질을 가지는 가장 작은 알갱이를 말한다. 1811년 이탈리아의 과학자 아보가드로가 처음으로 분자라는 개념을 과학에 도입하였다.

아보가드로

## 설탕물의 무게는 설탕과 물의 무게를 합한 것과 같아.

설탕이 물에 녹아 있다는 것을 맛을 보고 알 수도 있지만 또 다른 방법으로도 알 수 있어. 설탕을 물에 녹이면 설탕물의 무게는 물과 설탕의 무게를 합한 것과 같다는 거야.

예를 들어 100g의 물에 10g의 설탕이 녹아 있다면, 설탕물의 무게는 110g이 되는 거지. 만일 크기가 같은 컵에 똑같은 양의 설탕물과 맹물이 있다면 설탕물이 맹물보다 더 무거워. 그 안에 설탕 분자가 들어 있기 때문이지.

용해 전후의 무게

### 아하! 개념

- 가루 물질이 물에 녹으면 눈에 보이지 않는 아주 작은 알갱이로 있는 것이지, 없어지는 것이 아니다.
- 가루 물질을 물에 녹이면 원래 물의 무게에 녹인 가루 물질의 무게가 더해지게 된다.

답 : O, X, X

# 설탕을 물에 넣은 후 빨리 저으면 더 많이 녹는다(X)

옛날에 예쁘고 마음씨 고운 백설 공주와 그런 공주를 질투하는 마음씨 고약한 마녀가 살았어. 이 마녀는 매일 어떻게 하면 백설 공주를 죽일 수 있을지 고민했지.

그러던 어느 날 한 가지 좋은 방법이 떠올랐어. 그건 바로 달콤하지만 먹으면 온몸에 독이 퍼지는 무시무시한 독설탕물을 만들어 백설 공주에게 먹이는 거지. 백설 공주가 없어질 걸 상상한 마녀는 마음이 급해졌어. 하인 고양이를 시켜서 진한 독설탕물을 만들라고 재촉했지. 무식하기 짝이 없는 마녀는 빨리 저으면 독설탕 가루가 더 많이 녹을 것이라고 생각한 거야.

마녀는 가루 물질이 빨리 녹는 데 영향을 주는 요인과 가루 물질이 많이 녹는 데 영향을 주는 요인에 대한 차이점을 몰랐던 거야. 괜히 죄 없는 고양이만 고생하게 생겼지 뭐야. 용해에 대해 우리끼리만 알고 마녀는 끝까지 모르게 하자.

### 나의 오개념을 체크해 보자 

설탕을 물에 넣고 빨리 저으면 빨리 녹아.

설탕을 뜨거운 물에 넣고 저으면 찬물일 때보다 많이 녹아.

일정한 온도, 일정한 양의 물에 녹을 수 있는 물질의 양은 물질마다 같아.

## 젓는 빠르기는 녹는 양이 아니라 녹는 빠르기에 영향을 줘.

설탕을 물에 넣은 후 저으면 설탕이 녹아. 하지만 설탕이 물에 녹을 수 있는 양은 정해져 있어. 설탕이 물에 녹는다는 것은 설탕이 분자 상태로 쪼개지는 것을 말해.

물 분자와 설탕 분자는 서로 친해서 붙어 있으려고 해. 물 분자가 설탕을 마구 잡아당기면 덩어리로 있던 설탕이 분자로 떨어져 나오지. 하지만 물 분자의 수는 한정되어 있기 때문에 설탕 분자를 잡아당기는 데에도 한계가 있어.

그럼 설탕을 녹일 때 왜 저어 주는 걸까? 여러 개의 물 분자는 설탕 분자를 차지하려고 서로 잡아당겨. 이때 설탕 분자와 가까이 있는 것이 유리하겠지? 설탕을 젓는 것은 이미 설탕과 친해져서 붙어 있는 물 분자는 멀리 보내고, 아직 설탕과 친해지지 못한 물 분자를 설탕 가까이에 옮겨와 설탕 분자와 친해질 수 있도록 도와주는 역할을 해.

따라서 젓는 것은 설탕이 빨리 녹을 수 있도록 해 주는 것이지, 많이 녹을 수 있도록 해 주는 것이 아니야. 이때 젓는 속도를 빠르게 하면 더 빨리 녹을 수 있겠지! 젓는 속도 외에도 물의 온도가 높을수록, 알갱이의 크기가 작을수록 설탕은 빨리 녹아.

## 물의 양과 온도는 물에 녹는 설탕의 양에도 영향을 줘.

정해진 양의 물에 녹는 설탕의 양이 정해져 있기 때문에 물의 양을 변화시키면 물에 녹는 설탕의 양이 달라지지. 또 같은 양의 물이라도 온도가 달라지면 녹는 설탕의 양도 차이가 나. 물의 양이 많으면 설탕을 잡아당길 수 있는 물 분자가 많으므로 녹을 수 있는 설탕의 양이 많아지지. 또한 물의 온도가 높으면 물 분자의 운동이 활발해져 쉽게 설탕을 분자 상태로 만들어 더 많이 녹게 돼.

### 아하! 개념

- 가루 물질을 물에 넣고 빨리 저으면 빨리 녹을 뿐, 많이 녹지 않는다.
- 더 많은 물질을 물에 녹이기 위해서는 물의 온도를 높이거나 물의 양을 더 많게 하면 된다.

답 : O, O, X

**오개념 30**

**1** 다음과 같이 30℃의 식용유 30g과 60℃의 식용유 60g을 섞었을 때의 온도와 무게로 옳은 것은 어느 것입니까? (　　　)

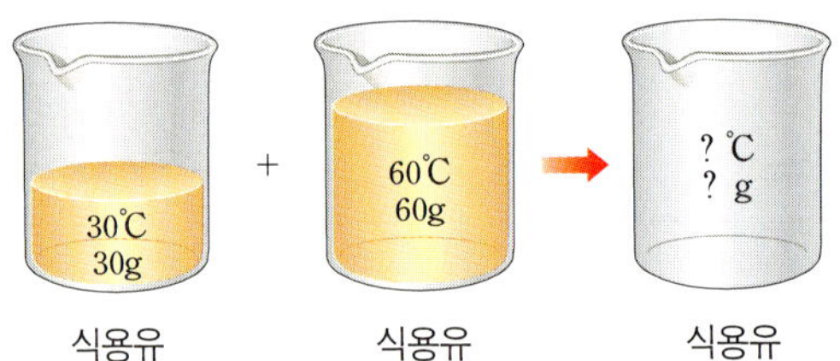


① 30℃의 식용유 90g
② 45℃의 식용유 90g
③ 50℃의 식용유 90g
④ 60℃의 식용유 90g
⑤ 90℃의 식용유 90g

**오개념 32**

**2** 아래의 그림 (가)와 같이 빈 페트병을 잘라 중간 높이에 구멍을 뚫었습니다. 물이 들어 있는 수조에 띄워진 종이배를 이 페트병으로 덮어 수조 바닥까지 내리면 종이배는 어디에 있겠는지 그 위치를 그림 (나)에 표시하고, 이유를 쓰시오.

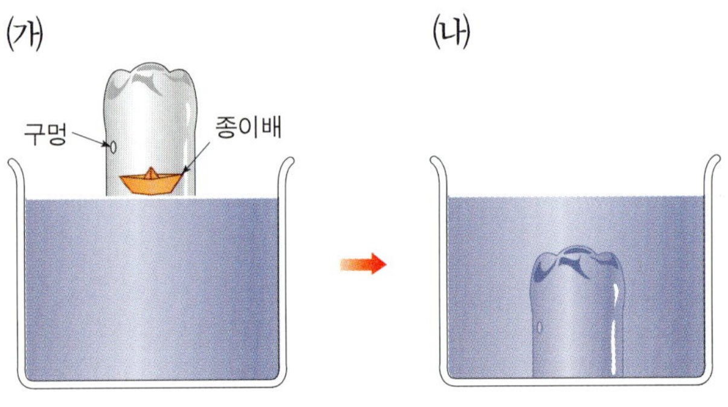


----------------------------------------

----------------------------------------

----------------------------------------

**오개념 34**

**3** 초를 녹여 비커에 $\frac{2}{3}$ 정도 부은 후 식혔더니 초가 다음과 같이 굳어 있었습니다. 이때 초의 부피와 무게에 대해서 바르게 말한 것은 어느 것입니까? (     )

① 녹은 초보다 굳은 초의 부피가 더 작으므로, 녹은 초보다 굳은 초의 무게가 더 가벼울 것이다.
② 녹은 초보다 굳은 초의 부피가 더 작으므로, 녹은 초보다 굳은 초의 무게가 더 무거울 것이다.
③ 녹은 초보다 굳은 초의 부피가 더 작지만, 녹은 초와 굳은 초의 무게는 같을 것이다.
④ 녹은 초보다 굳은 초의 부피가 더 크므로, 녹은 초보다 굳은 초의 무게가 더 무거울 것이다.
⑤ 녹은 초보다 굳은 초의 부피가 더 크므로, 녹은 초보다 굳은 초의 무게가 더 가벼울 것이다.

**오개념 34**

**4** 다음 중 물의 상태 변화에 따른 부피의 변화에 대한 설명으로 옳은 것을 모두 고르시오. (     )

① 물은 고체에서 액체로 변할 때, 부피가 늘어난다.
② 물은 고체에서 액체로 변할 때, 부피가 줄어든다.
③ 물은 고체에서 액체로 변할 때, 부피가 변하지 않는다.
④ 물은 액체에서 기체로 변할 때, 부피가 늘어난다.
⑤ 물은 액체에서 기체로 변할 때, 부피가 줄어든다.

**5** 오른쪽과 같이 컵 속에 물이 넘치지 않도록 물과 얼음을 넣었습니다. 얼음이 모두 녹으면 물은 어떻게 될까요? 그 이유와 함께 쓰시오.

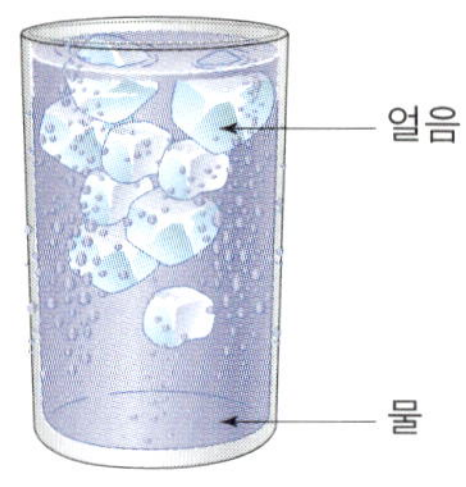


--------------------------------------------------

--------------------------------------------------

--------------------------------------------------



**6** 다음 중 물의 끓는 온도에 대해서 바르게 말한 것을 모두 고르시오. (               )

① 물은 항상 $100\,^{\circ}\mathrm{C}$에서 끓는다.

② 높은 산에 올라가면 물은 $100\,^{\circ}\mathrm{C}$보다 높은 온도에서 끓는다.

③ 높은 산에 올라가면 물은 $100\,^{\circ}\mathrm{C}$보다 낮은 온도에서 끓는다.

④ 압력이 높은 곳에서 물은 $100\,^{\circ}\mathrm{C}$보다 높은 온도에서 끓는다.

⑤ 압력이 높은 곳에서 물은 $100\,^{\circ}\mathrm{C}$보다 낮은 온도에서 끓는다.

**7** 다음 중 쇠고리를 가열했을 때 나타나는 현상에 대해 바르게 말한 것은 어느 것입니까? (        )

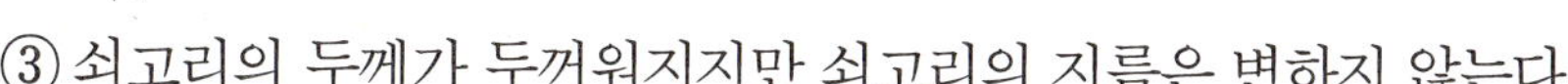

① 쇠고리의 두께가 두꺼워져 쇠고리의 지름이 작아진다.
② 쇠고리의 두께가 두꺼워져 쇠고리의 지름도 커진다.
③ 쇠고리의 두께가 두꺼워지지만 쇠고리의 지름은 변하지 않는다.
④ 쇠고리의 두께가 얇아지고 쇠고리의 지름은 작아진다.
⑤ 쇠고리의 두께가 얇아져 쇠고리의 지름이 커진다.



**8** 100g의 비커에 물 100g과 소금 80g을 넣고 저었더니 소금의 약 절반은 비커의 바닥에 가라앉았고, 나머지는 보이지 않고 사라졌습니다. 이 비커의 총 무게는 얼마인지 쓰시오.

(                    )g

개념
에너지

# 43 자석을 쪼개면 한 개의 극만 갖는다(X)

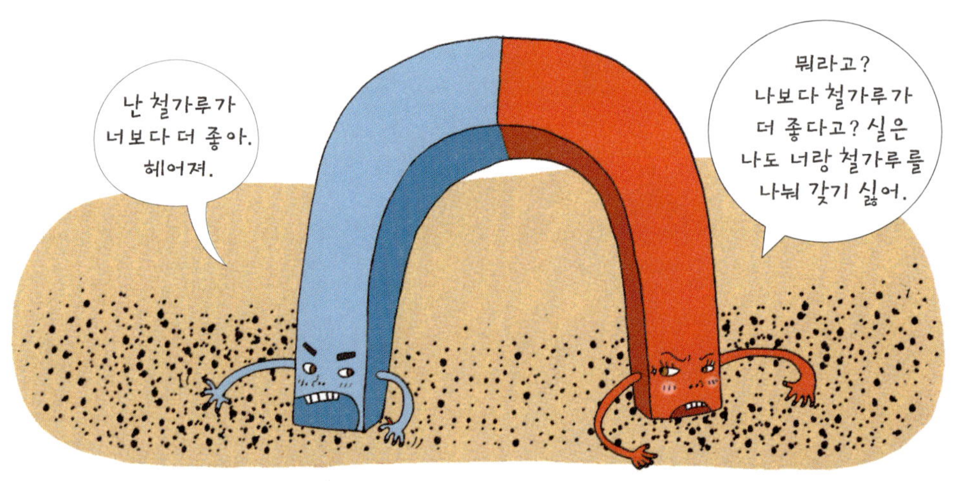


엔과 에스는 한 몸으로 태어났어. 둘 다 '극'이라는 머리를 가지고 말이야. 엔과 에스 모두 철을 좋아한다는 것에 대해 마음이 통했어. 그런데 철을 너무 좋아한 나머지 다툼이 끊이질 않았어. 주위에 철가루가 있는 날에는 서로 갖겠다고 티격태격 다퉜거든. 결국 둘은 각각 독립하기로 했어. 서로 몸이 붙은 채 다투느니 차라리 떨어져서 각자 생긴 대로 사는 게 나을 것 같았지.

그런데 엔과 에스가 떨어진다고 해서 각각 N극과 S극으로 생활할 수 있을까?

결코 그런 일은 일어날 수 없어. 엔과 에스가 서로 떨어져서 각자 더 많은 철가루를 가질 수 있다고 생각한 것은 자석이 가지고 있는 극이 어떻게 만들어진 것인지 정확히 알지 못해서 생긴 오개념이야. 자석은 쪼개져도 엔에겐 또 다른 에스가, 에스에겐 또 다른 엔이 생기거든. 엔과 에스는 결코 독립적으로 생활할 수 없는 운명이야. N극과 S극 중 하나의 극만 가지는 자석이란 없어.

### 나의 오개념을 체크해 보자

극이 한 개만 있는 자석도 있어.　　　　　　　○ ✗

자석을 쪼개면 극이 한 개인 자석이 돼.　　　　○ ✗

자석의 한쪽을 빨갛게 칠하면 N극이 돼.　　　　○ ✗

## 원자 배열이 나란히 줄을 맞추면 자석이 돼.

대부분의 자석은 철로 만들어져 있어. 철은 원자라는 작은 알갱이로 이루어져 있지. 철의 원자는 본래 자석과 같은 성질을 가지고 있어. 하나의 아주 작은 자석이라고 할 수 있지. 하지만 평소의 원자 배열 상태에서는 이 작은 자석들이 사방으로 놓여 있어서 N극과 S극의 성질이 나타나지 않게 돼. 이 작은 자석들이 나란히 줄을 맞추어 한 방향으로 늘어서야 N극과 S극을 가진 자석의 성질을 보이게 되는 것이지.

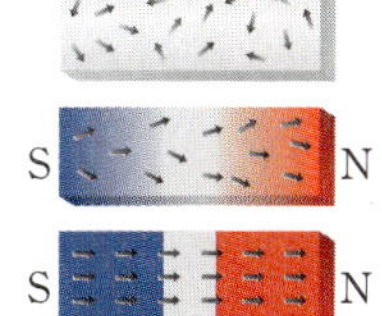


바늘을 자석으로 문질렀을 때 바늘 자석이 되는 것을 본 적이 있을 거야. 바늘을 자석으로 문지르면 바늘 속의 수많은 미세 자석들이 규칙적으로 배열되면서 자석의 성질을 갖게 돼. 이때 자석은 바늘의 한 방향으로만 문질러야 해. 그래야 미세한 자석들의 배열이 한 방향으로 늘어서기 때문이지. 그렇다고 해서 한번 만들어진 바늘 자석이 영구 자석이 되는 건 아냐. 잠시 자석의 성질을 띠었다가 다시 작은 자석들의 배열이 흐트러지면서 자석의 성질을 잃게 되지.

## 자석을 쪼개도 항상 두 극을 가져.

자석은 2개의 극인 N극과 S극을 가지고 있다고 했지? 자석의 N극과 S극은 자석을 이루는 수많은 미세 자석들의 배열에 의해 결정돼. 철을 이루는 수많은 작은 자석들이 한 방향으로 나란히 늘어서면 자석이 된다고 했지? 위의 그림에서 자석들의 배열 중 화살촉 있는 쪽이 N극, 반대쪽이 S극이 되는 거야. 결국 자석이 쪼개져도 이 작은 자석들이 한 방향으로 늘어서 있다면 화살표 코가 있는 쪽은 여전히 N극, 반대쪽은 S극이 되는 것이지. 둘로 쪼개도 극은 언제나 2개가 있게 되는 거야.

## 아하! 개념

- 자석이 쪼개지면 또 다른 N극과 S극이 생겨 항상 두 극을 갖는다.
- 자석의 두 극은 철을 이루는 미세한 자석들의 규칙적인 배열로 만들어진다.
- 자석에서 S극을 빨갛게 칠한다고 해서 N극이 되는 것이 아니다.

답 : X, X, X

# 44 금속은 모두 자석에 붙는다 (X)

2개의 문을 통과해야 들어갈 수 있는 비밀의 방이 있어. 금속 가족인 철이와 구리는 그 비밀의 방에 들어가 보기로 했지. 첫 번째 문은 전구에 불을 켜면 열리는 방이었는데 철이와 구리 모두 전구에 불을 켜는 데 성공했어. 첫 번째 문은 둘 다 통과한 거지. 두 번째 문은 자석 문고리에 매달려 1분 동안 버티면 열리는 문이었어. 철이는 문고리에 매달려 가뿐하게 1분 이상을 버텼어. 두 번째 방으로 들어가는 철이에게 뒤에 있던 구리가 소리쳤지.

"나도 금속이니까 두 번째 문도 문제없을 거야. 먼저 가서 기다려. 곧 갈게."

그런데 과연 구리도 두 번째 문을 열고 들어갈 수 있었을까? 그렇지 않아. 모든 금속이 자석에 붙지 않아. 자석에 붙는 물체의 특징에 대해 알고 나면 구리가 어떻게 되었을지 알 수 있을 거야.

## 나의 오개념을 체크해 보자 

구리도 금속이니까 자석에 붙어.  ◎ ✖

자석에 붙는 것만 금속이야.  ◎ ✖

전기가 통하는 금속이라면 모두 자석에 붙어.  ◎ ✖

자석에 붙는 금속이라면 모두 전기가 통해.  ◎ ✖

## 금속은 모두 전기가 통해.

금속에는 철이나 구리 외에도 종류가 많아. 우리 주위에서도 금속을 쉽게 찾을 수 있지. 캔을 만드는 데 쓰이는 알루미늄, 반지나 목걸이의 재료로 쓰이는 금이나 백금 모두 금속이야.

금속은 공통된 성질을 가지고 있어. 매끈매끈하고 반짝거리며, 단단하기도 하지만 녹여서 얇은 판이나 가는 실로도 만들 수 있거든.

또한 금속은 모두 전기가 통하는 성질이 있어.

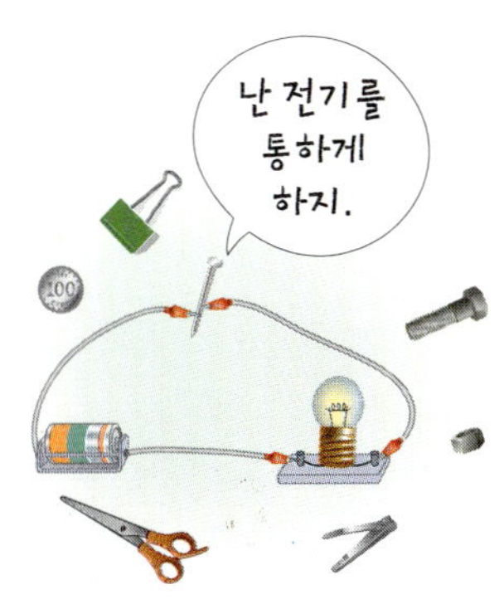


## 전기가 통한다고 해서 모두 자석에 붙는 것은 아니야.

그럼, 성격이 비슷한 금속은 자석에 붙는 성질까지 같을까? 자석은 원자들이 규칙적으로 배열되어 있어. 그래서 자석은 자기와 비슷한 성질의 금속을 좋아하지.

철로 만든 못의 원자는 평소에는 제멋대로지만, 자석에 가까이 가면 규칙적으로 늘어서서 자석에 찰싹 달라붙게 돼. 이것을 '자화'라고 하지. 철 못의 원자들이 마치 자석처럼 규칙적으로 늘어서서 자석이 되기 때문이야.

이처럼 자석과 가까워질 때 자화되는 금속은 철, 니켈 등이야. 알루미늄이나 백금 속의 원자들은 제 아무리 센 자석이라 하더라도 자석에 전혀 반응하지 않아.

**자화** 물체가 자석의 성질을 띠는 것. 자석에 붙은 클립에 다른 클립을 갖다 대면 달라붙는 것을 볼 수 있는데, 이는 클립이 자석의 영향을 받아 자석의 성질을 띠기 때문이다.

## 아하! 개념

- 모든 금속이 자석에 붙는 것은 아니다.
- 모든 금속이 전기가 통하지만 자석에 붙는 것은 철로 된 금속이다.
- 금속에는 철, 알루미늄, 은, 구리, 백금 등이 있다.

답 : X, X, X, O

# 전선이 길면 전구를 켜는 데 시간이 오래 걸린다(X)

마음씨 착한 혹부리 영감이 어느 날 밤 산속 외딴 집에서 머물게 되었어. 그곳에 살던 도깨비가 혹부리 영감을 골탕먹이려고 이렇게 말했어.

"혹부리 영감! 내가 이 초에 불을 붙이는 것보다 더 빨리 전구에 불을 켜면 내가 혹을 떼어 줄게."

도깨비는 방망이를 휘두르면서 주문을 외우기 시작했고, 혹부리 영감은 전기 회로의 스위치를 눌렀어. 도깨비가 주문을 다 외우기도 전에 전구에 불이 켜졌지. 도깨비는 약속대로 혹부리 영감의 혹을 떼어 줄 수밖에 없었어.

다음 날, 이웃 혹부리 할멈도 도깨비의 외딴 집을 찾았어. 도깨비는 굳게 마음 먹고, 전구와 스위치 사이의 전선을 아주 길게 해 두었어. 그러고는 혹부리 할멈에게도 똑같은 제안을 했지.

과연 도깨비는 혹부리 할멈을 이길 수 있었을까? 전구와 스위치를 멀리 하려고 전선을 길게 하면 전구의 불이 늦게 켜지는 걸까?

### 나의 오개념을 체크해 보자 

전선의 길이가 길면 전구의 불이 늦게 켜져. ⭕ ❌

전선의 길이가 길면 전류가 흐르는 데 시간이 오래 걸려. ⭕ ❌

## 수도꼭지를 돌리면 물이 바로 나오는 것과 같아.

물이 수로를 따라 높은 곳에서 낮은 곳으로 흐르는 것과 같이 전기는 전기 회로를 따라 전지의 (＋)극에서 (－)극으로 흘러. 이러한 전기의 흐름을 전류라고 부르지. 전기 회로에서 전류가 흐르는 속도는 굉장히 빨라. 거의 빛의 속도 수준이지. 따라서 전기 회로의 스위치를 누르는 순간 전류는 빛의 속도로 흘러서 전구에 불을 켜는 거야.

수도꼭지에서 물이 나오는 것에 비유해 볼까? 수도꼭지부터 정수장까지의 수도관은 매우 길어. 그런데도 수도꼭지를 돌리면 곧바로 물이 나오지. 물이 정수장에서 수도꼭지까지 움직여 오는 것이라면 그렇게 빨리 물이 나올 수 없을 거야. 이미 수도관에 가득 차 있던 물이 수도꼭지를 여는 순간 나가도 좋다는 신호를 받고 밀려 나오는 것이지. 전류도 이와 마찬가지야. 스위치를 누르는 것은 수도꼭지를 돌리는 것과 같아. 스위치를 누름과 동시에 전구에 불이 켜지지. 전선이 아무리 길어도 말이야.

## 전류의 흐름은 빠르지만 자유전자의 흐름은 느려.

전기 회로 속에는 자유전자란 것이 있어. 전선 속에 가득 찬 자유전자들은 스위치를 닫지 않으면 제각각 다른 방향으로 움직이고 있어. 그러나 스위치를 닫는 순간 자유전자들이 모두 한 방향으로 움직이게 되는데, 이 자유전자의 움직임 때문에 전류가 흐르게 되는 거야. 하지만 빛과 같은 속도로 전류가 흘러도 자유전자가 움직이는 속도는 달팽이보다 느리대.

**전류와 전자의 이동 방향**

전류:(＋)극→(－)극
전자:(－)극→(＋)극

전자의 존재를 알지 못하던 과학자들이 전류의 방향을 전지의 (＋)극에서 (－)극으로 흐른다고 약속하였다. 그 후 전류는 전자의 흐름으로 밝혀졌지만 전류의 방향은 그대로 사용하기로 하여 전자의 이동 방향과 반대가 되었다.

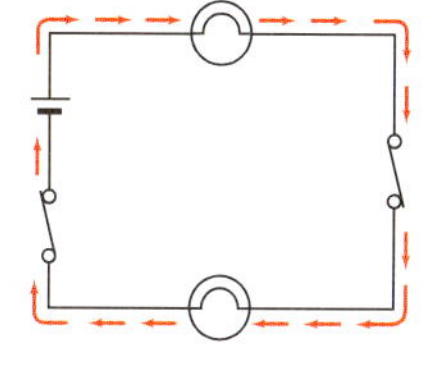

전기 회로도

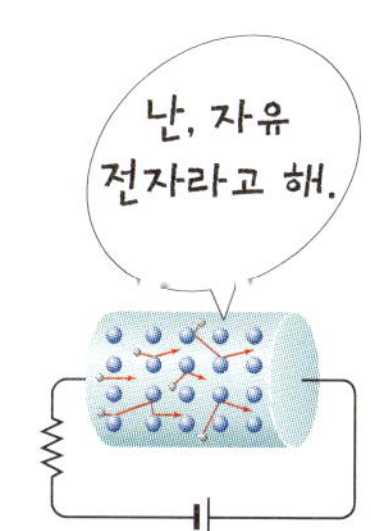


## 아하! 개념

- 전기의 흐름을 전류라고 한다.
- 전류는 빛의 속도처럼 빠르기 때문에 아주 긴 전선으로 연결하더라도 스위치를 닫는 순간 거의 동시에 전구에 불이 켜진다.

답 : X, X

# 건전지의 크기가 클수록 전구의 밝기가 밝다(X)

숲 속 어느 마을에 모양이 같고, 크기가 다른 세 채의 집이 있었어. 그 마을에는 지켜야 하는 약속이 있었지. 불을 동시에 켜고, 동시에 꺼야 하는 거였어. 지금까지는 아무런 문제가 없었어. 워낙 세 집에 사는 건전지들의 사이가 좋았으니까. 하지만 최근 들어 다툼이 나기 시작했어. 자기가 밝다느니, 자기가 더 오래 켤 수 있다느니… 하고 잘난 체를 하면서 은근히 건전지들의 힘겨루기가 시작된 거지.

한돌이는 자신이 가장 크니까 불을 가장 밝게 켤 수 있다고 자신했어. 두돌이와 세돌이는 크기가 무슨 상관이냐고 펄쩍 뛰었지. 과연 누구의 말이 맞는 걸까?

'건전지의 크기가 크면 전구의 밝기가 더 밝다.' 라고 말하는 것은 잘못된 생각 때문이야. 그렇다면 건전지의 크기를 왜 다르게 만든 걸까? 건전지의 밝기와 건전지의 수명에 대해 알아보면 그 답을 알 수 있어.

### 나의 오개념을 체크해 보자 

둥근 기둥 모양 건전지의 전압은 모두 같아.    ⊙ ✖

건전지가 크면 전구를 더 밝게 켤 수 있어.    ⊙ ✖

건전지가 크면 전기를 더 오래 사용할 수 있어.    ⊙ ✖

## 건전지의 전압이 같다면 전구의 밝기는 같아.

**건전지**의 겉면을 관찰해 봐. 1.5V(볼트)라는 숫자가 쓰여 있을 거야. 그 숫자는 전압을 말하고, V(볼트)는 전압의 단위야. 전압이란 전류를 흐르게 하는 능력을 뜻해.

전구의 밝기에 영향을 주는 것은 건전지의 크기가 아니라 전압의 크기야. 전압이 클수록 전구를 밝게 켤 수 있지. 둥근 기둥 모양 건전지의 전압은 모두 1.5V로 같아. 단지 건전지가 쓰이는 제품의 종류에 따라 그 크기가 다른 것뿐이야. 그러므로 '건전지의 크기가 크면 전구의 밝기가 더 밝다.'라고 말한 한돌이의 생각은 잘못된 거야.

> **전지와 건전지** 전지는 한 번 쓰고 버리는 1차 전지와 충전해서 쓰는 2차 전지를 통틀어 말한다. 건전지는 1차 전지 중 하나로 둥근 기둥 또는 사각 기둥 모양이 있다.

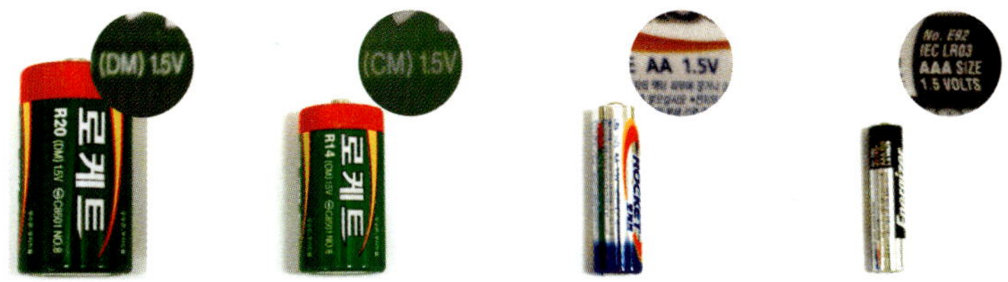


## 건전지의 크기가 크면 더 오랜 시간 전기를 쓸 수 있어.

그럼, 전구를 밝게 켤 수도 없는데 건전지를 크게 만든 까닭은 무엇일까? 그건 건전지를 오래 사용하기 위해서야. 그릇이 클수록 더 많은 양을 담을 수 있듯이 건전지도 마찬가지야. 건전지의 크기가 크면 더 많은 **전기 에너지**를 담아 둘 수 있지.

그렇다고 한꺼번에 많은 양의 전기 에너지가 나오는 것은 아니야.

건전지의 크기가 클수록 건전지의 전기를 더 오랜 시간 쓸 수 있다는 것이지.

> **전기 에너지** 물체가 가지고 있는, 일을 할 수 있는 능력을 에너지라고 한다. 전기 에너지란 전기제품을 움직일 수 있는 에너지를 말한다.

### 아하! 개념

- 건전지의 크기는 전구의 밝기와 관계 없다.
- 건전지의 전압이 같다면 전구의 밝기는 같다.
- 둥근 기둥 모양의 건전지는 모두 전압이 1.5V로 같다.
- 건전지의 크기가 크면 전기를 더 오래 쓸 수 있다.

답 : O, X, O

# 용수철 2개로 물체를 들면 늘어난 길이는 반으로 준다(X)

개념이와 황당이는 주말에 용수철 랜드에 놀러왔어. 용수철 랜드는 용수철로 만들어진 놀이기구만 있는 놀이동산이야. 용수철 랜드에서는 각 놀이기구마다 용수철과 관련된 문제의 정답을 맞힌 사람만 놀이기구를 탈 수 있어. 다음은 두 친구가 문제를 풀어 놓은 거야. 과연 누가 놀이기구를 타게 되었을까?

용수철 하나에 추를 2개 매달아 늘어난 길이가 '2'야. 그런데 추는 2개 그대로이고, 용수철만 2개로 늘렸으니까 한 개의 용수철이 늘어난 길이는 '1'이야.

황당이

추는 2개 그대로이지만 용수철에 또 다른 용수철이 걸려 있으니 아래에 매달린 용수철 무게만큼 더 늘어날 거야. 즉 '2'보다 더 길게 늘어날 거야.

개념이

## 나의 오개념을 체크해 보자 

용수철을 직렬로 여러 개 매달면 늘어난 길이가 점점 줄어들어. ◎ ✖

용수철을 병렬로 여러 개 매달면 늘어난 길이는 점점 줄어들어. ◎ ✖

## 용수철을 직렬로 연결하면 다른 용수철 무게만큼 더 늘어나.

용수철에 물체를 매달면 물체의 무게만큼 용수철의 길이가 늘어나지? 물체의 무게를 2배로 늘린다면 용수철이 늘어난 길이도 2배가 돼.

그렇다면 회전목마 입구에 있는 문제처럼 용수철을 한 개 더 밑으로(직렬로) 연결하면 어떻게 될까? 벼랑에서 떨어지려 하는 사람이 물체를 들고 있다고 생각해 봐. 내가 그 사람을 도와주려고 그 사람의 손을 잡아당기면 물체의 무게만 느껴질까, 아니면 그 사람의 무게도 느껴질까? 마찬가지로 맨 위의 용수철은 물체만 드는 것이 아니라 아래 매달린 용수철까지 드는 것과 같아.

다시 정리해서 말하면 용수철 2개를 직렬로 연결하여 물체를 들면 용수철의 무게와 물체의 무게를 합한 것만큼 용수철이 늘어나게 돼. 결국 개념이 말이 옳아. 개념이만 놀이기구를 타게 돼.

## 용수철을 병렬로 연결하면 늘어난 길이가 반으로 줄어.

벼랑 위에서 친구 한 명이 더 도와준다면 어떨까? 둘이 같이(병렬로) 물체를 잡는다면 말야. 훨씬 힘을 덜 들이고 물체를 끌어올릴 수 있을 거야. 용수철도 마찬가지야. 2개의 추를 2개의 용수철이 나누어 당긴다면 추 2개의 무게를 용수철 2개가 나누어 가지기 때문에 힘이 반으로 줄게 돼. 힘이 반으로 줄어든다는 건 용수철이 늘어나는 길이가 반으로 줄어든다는 말이 되지.

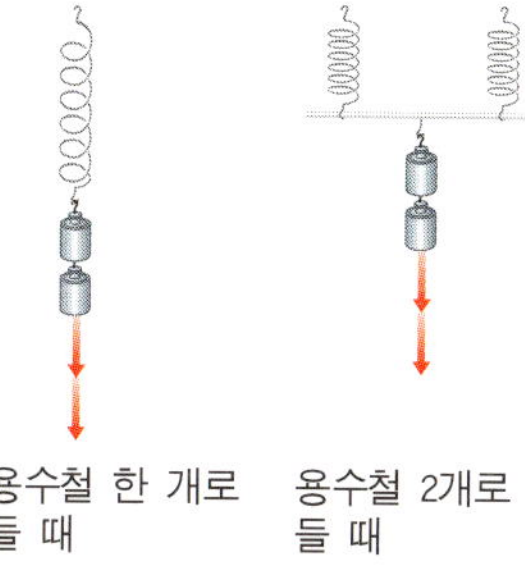

용수철 한 개로 들 때    용수철 2개로 들 때

# 아하! 개념

- 추의 개수가 늘어나면 용수철의 늘어난 길이도 길어진다.
- 용수철 2개로 물체를 매달 때,
  - 용수철 2개를 직렬로 연결하여 매달면 늘어난 길이는 용수철 무게만큼 더 늘어난다.
  - 용수철 2개를 병렬로 연결하여 매달면 늘어난 길이가 $\frac{1}{2}$로 줄어든다.

답 : X, O

# 용수철 양쪽에 같은 무게의 물체를 매달면 늘어난 길이는 2배가 된다(X)

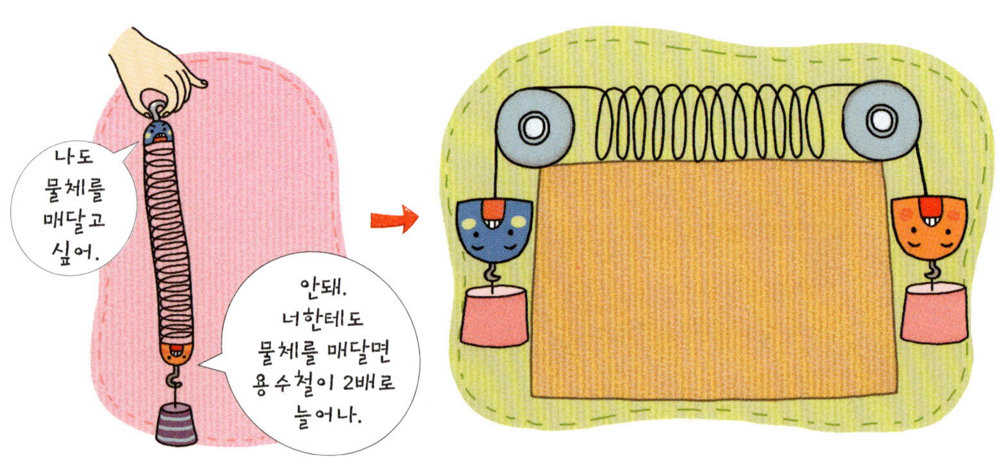


어느 마을에 용수철 몸을 사이에 두고 양쪽으로 붙은 고리 형제가 살고 있었어. 사람들은 어떤 물체의 무게를 알고 싶을 때는 형 고리에게 물체를 걸었지. 그러면 고리 형제의 몸이 길게 늘어나 사람들에게 물체의 무게를 알려 줄 수 있었어.

그러던 어느 날 동생 고리는 형 고리만 물체를 매다는 게 못마땅했어. 그래서 주인에게 형 고리와 자신의 고리 모두에게 동시에 물체를 걸어달라고 건의를 했지. 그 때부터 사람들은 같은 물체를 2개씩 들고 와서 고리 형제의 양쪽에 매달아 주었어. 같은 무게의 물체를 용수철 양쪽에 각각 매달면 용수철의 늘어난 길이는 한쪽에만 매달았을 때의 2배가 되는 것이라고 생각했지. 그런데 정말 그럴까?

### 나의 오개념을 체크해 보자 

용수철을 세로로 하여 매단 경우와, 책상 모서리에 눕혀서 매단 경우
용수철이 늘어나는 정도는 같아.

용수철의 양쪽에 같은 무게의 물체를 각각 매달면 물체를 한쪽에만
매달았을 때보다 2배 더 늘어나.

## 벽도 용수철을 잡아당기고 있어.

그림 (개)와 같이 용수철의 한쪽은 벽에 고정시키고 다른 한쪽에만 물체를 매단 경우와 그림 (내)와 같이 용수철의 양쪽에 같은 무게의 물체를 각각 매단 경우 늘어나는 용수철의 길이는 어떠할까?

(개)와 같이 용수철의 한쪽을 벽에 고정시키고 물체를 매단 경우에도 보이지 않는 힘이 용수철을 잡아당기고 있는 것이나 다름없어. 용수철이 물체를 매달고도 벽에 붙어 있을 수 있는 건 벽도 그 물체의 무게만큼 잡아당기고 있다는 뜻이지. 만약 벽이 용수철을 잡아당기고 있지 않다면 용수철은 물체 쪽으로 떨어지고 말 거야.

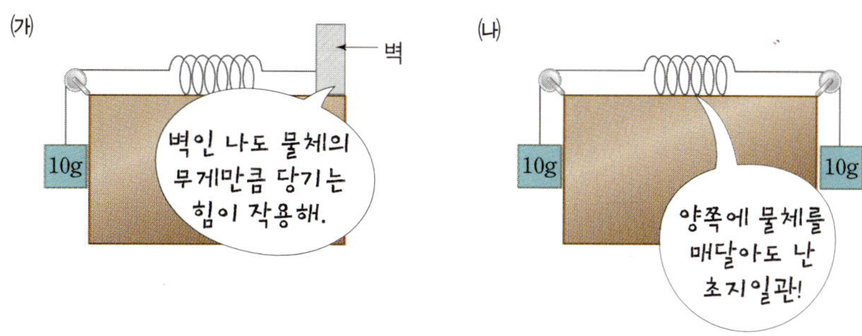


## 벽도 물체를 당겨. 양쪽에 물체를 매단 것과 같은 효과지.

그러면 (개)에서 용수철과 벽 사이에 작용하는 힘의 크기는 얼마나 될까? (개)처럼 용수철에 매달린 물체가 벽을 당기게 되면 벽도 같은 크기의 힘으로 물체를 당기게 돼. 즉 힘의 크기가 같지만 방향이 서로 반대인 두 힘이 작용하게 되지. 이걸 **작용과 반작용**이라고 해. 결국 (개)에서 벽이 물체를 당기는 힘의 크기나 (내)에서 물체끼리 서로 당기는 힘의 크기가 같다는 거야. 그러니 용수철 양쪽에 물체를 매달았다고 해서 용수철이 2배로 늘어나는 건 아니지.

**작용과 반작용** 두 물체가 서로 힘을 미치고 있을 때, 크기가 같고, 방향이 반대인 힘이 작용하는 것을 말한다.

## 아하!개념

- 용수철의 한쪽에 물체를 매다는 경우와 양쪽에 물체를 매다는 경우
    - 둘 다 용수철 양쪽에 같은 크기의 힘이 작용한다.
    - 둘 다 용수철은 물체 한 개의 무게만큼 늘어난다.

정답 : O, X

# 49 열이 이동하려면 매질(물질)이 필요하다 (X)

따스한 햇볕 아래에서 일광욕을 즐기던 개념이와 엉뚱이는 갑자기 따뜻함을 전해 주는 것이 무엇인지 궁금했어.

"엄마 품이 따뜻하다고 느끼려면 엄마 품 속에 꼬옥 안겨야 하고, 철판 위의 고기가 뜨겁다는 것을 알려면 고기를 입에 넣어 봐야 하잖아. 그런데 태양은 저렇게 멀리 있어서 만질 수도 없는데 어떻게 우리에게 따뜻함이 전달되는 거지?"

개념이의 말에 엉뚱이가 자신 있게 대꾸했지.

"그야 공기가 전달해 주겠지. 소리도 공기가 전달해 주잖아."

개념이는 엉뚱이의 말에 고개를 갸우뚱했어.

'정말 공기가 전해 주는 걸까? 그러면 공기가 없는 우주에는 열이 전달되지 않는 걸까?'

개념이가 엉뚱이의 말을 그대로 믿어 버린다면 엄청난 오개념을 갖게 될 거야.

### 나의 오개념을 체크해 보자 

태양의 따뜻함은 공기가 전달해 줘.    O X

열은 서로 닿아 있어야 전달돼.    O X

열이 전달되는 방법은 물질에 따라 달라.    O X

## 고체, 액체, 기체는 전도와 대류의 방법으로 열을 전달해.

고체 물질은 서로 닿아 있어야 열을 전달할 수 있어. 물체가 직접 이동하는 게 아니고 열만 전달되는데, 이를 전도라고 해. 기체나 액체 물질은 물질이 직접 이동해가서 열을 전해 줘. 이를 대류라고 하지.

고체에서의 열 전달 - 전도

액체에서의 열 전달 - 대류

## 태양열은 직접, 빛의 속력으로 전해져.

태양열은 고체, 액체, 기체와 같은 매질(물질)이 없어도 이동이 가능해. 태양은 지구에서 아주아주 멀리 떨어져 있어. 게다가 태양과 지구 사이에는 몇 개의 행성 말고는 아무것도 없지. 공기도 지구 주위에만 있잖아. 그런데도 태양열이 지구까지 전달되는 것은 태양열이 전자기파의 형태인 복사 에너지로 전달되기 때문이야. 이렇게 열이 전달되는 방법을 복사라고 하고, 그 열을 복사열이라고 해.

태양열만 매질 없이 전달되는 것은 아니야. 모닥불두 복사 현상에 의해 전달돼. 만약 모닥불이 공기의 대류 현상에 의해서만 전달된다면 바람이 불어오는 쪽에 앉은 사람은 따뜻하고, 바람이 불어가는 쪽에 앉은 사람은 추울 거야. 그러나 양쪽에 앉은 사람 모두 따뜻함을 느끼는데, 바로 모닥불도 태양열처럼 복사열이 직접 이동하여 전달되기 때문이야.

아하! 개념

- 태양의 열은 매질 없이도 이동한다(복사열).
- 전도 : 고체 물질에서는 서로 접촉하여 열이 전달된다.
- 대류 : 액체와 기체 물질에서는 물질이 이동하면서 열이 전달된다.
- 복사 : 중간에 전해 주는 물질이 없이 직접 이동, 열을 전달한다.

답 : X, X, O

# 50 쇠는 항상 차갑다(X)

추운 겨울 놀이터에 놀러 가기로 한 개념이와 엉뚱이. 둘은 손이 너무 시려서 다정하게 손을 꼭 잡고 걸었어. 서로 손을 잡으니 더 따뜻해진 느낌이었지.

놀이터에 도착한 개념이와 엉뚱이는 그네를 타기로 했어. 먼저 엉뚱이가 그네를 타고, 개념이가 밀어주기로 했지. 하지만 개념이가 엉뚱이를 앉히기 위해 그넷줄을 잡는 순간 너무 차가워서 손을 놓아버렸어. 엉뚱이도 쇠의 차가운 느낌이 싫어서 그네 타는 것을 포기했지. 둘은 옆의 나무 벤치에 앉았어. 그런데 나무 벤치는 그네보다 차갑지 않았어. 두 사람은 이미 쇠의 찬 열이 피부로 전해져서 더 이상 차가움을 느끼지 못하게 된 거라고 생각했어. 개념이와 엉뚱이의 경험은 누구나 흔히 겪을 수 있는 일이야. 하지만 그 이유를 정확히 모른다면 너무 안타깝지 않겠니?

### 나의 오개념을 체크해 보자

친구 손을 잡을 때 차게 느껴지는 것은 친구 손의 찬 열이 내 손으로 이동하기 때문이야. ⭕ ❌

열은 차가운 곳에서 따뜻한 곳으로 이동해. ⭕ ❌

쇠는 원래 차가운 물질이야. ⭕ ❌

# 오개념탈출 열의 전달과 물질의 열의 이동 속도

## 물체는 서로 열을 전달해.

뜨거운 코코아가 들어 있는 컵을 두 손으로 감싸면 손이 따뜻해져. 온도가 높은 코코아는 열을 잃고, 상대적으로 온도가 낮은 손은 열을 얻게 되지. 열은 온도가 높은 곳에서 온도가 낮은 곳으로 이동하거든. 열을 잃은 코코아는 점점 식고, 열을 얻은 손은 점점 따뜻해져.

아이스크림을 먹으면 입이 차가워지는 이유는 뭘까? 온도가 높은 입은 아이스크림에 의해 열을 잃게 되고, 아이스크림은 온도가 높은 입으로부터 열을 얻게 돼. 입의 열이 아이스크림으로 이동한 거지. 그래서 열을 잃은 입은 차갑게 느껴지고, 아이스크림은 열을 얻기 때문에 녹게 돼.

앞에서 개념이와 엉뚱이가 '쇠의 찬 열이 피부로 전해졌다.' 라고 생각한 것은 잘못된 거야. 열은 항상 온도가 높은 곳에서 온도가 낮은 곳으로 이동하거든.

손이 열을 얻는 경우

입이 열을 잃는 경우

## 열이 이동하는 빠르기는 물질마다 달라.

쇠로 만든 문고리를 만지면 차갑지만, 옆의 나무 부분을 만졌을 때는 덜 차가워. 이처럼 쇠가 나무보다 더 차게 느껴지는 이유는 쇠가 나무보다 차가운 물질이어서가 아니라 쇠와 같은 금속이 열을 더 잘 전달하기 때문인 거야.

주방에서 사용하는 냄비를 살 봐. 손으로 냄비의 손잡이를 잡았을 때 손이 데지 않게 하기 위해 손잡이나 뚜껑의 꼭지 부분은 열이 천천히 이동하는 플라스틱이나 나무로 만들어. 냄비의 몸통 부분은 음식을 빨리 익히기 위해 열이 빨리 이동하는 쇠로 만들어. 즉 차고 따뜻한 정도는 그 물질 자체의 온도 때문이 아니라 열을 얼마나 잘 전달하느냐에 따라 느껴지는 정도의 차이인 거야.

## 아하! 개념

- 물체는 서로 열을 얻거나 빼앗으며 열을 전달한다.
- 열은 온도가 높은 곳(따뜻한 곳)에서 낮은 곳(차가운 곳)으로 이동한다.
- 물질마다 열이 이동하는 빠르기는 다르다.
- 금속은 비금속(플라스틱, 나무 등)보다 열이 더 빨리 이동한다.

답 : X, X, X

# 51 얼음을 수건으로 감싸면 빨리 녹는다 (X)

얼음 공주와 수건 왕자, 둘은 너무나 사랑했지만 이루어질 수 없는 운명에 놓이게 되었어. 그건 바로 얼음 공주가 점점 녹고 있었기 때문이지. 이러다간 곧 물이 되어 사라질 거야.

"왕자님, 전 이제 사라질 거예요. 더는 저를 사랑하지 마세요." 자포자기한 공주는 이렇게 울먹였어. 수건 왕자는 조금만이라도 시간을 벌어 얼음 공주를 지켜주고 싶었지만 아무것도 해 줄 수 없는 현실이 너무나 안타까웠어. 생각 끝에 수건 왕자는 얼음 공주를 지켜주기 위해 포근하게 얼음 공주를 감싸 안아 주었어.

그런데 이상하지? 수건 왕자가 감싸 주면 얼음 공주는 따뜻해져서 더 빨리 녹게 되는 게 아닐까?

보온과 단열 효과에 대해 알아보면 수건 왕자가 얼음 공주를 제대로 지켜 준 건지 알 수 있을 거야.

### 나의 오개념을 체크해 보자 

얼음을 수건에 싸면 따뜻해져서 얼음이 빨리 녹아.　　　　　◎ ✕

보온병에 얼음을 넣어 두면 얼음이 금방 녹아.　　　　　　◎ ✕

보온병에 찬물을 넣으면 따뜻해져.　　　　　　　　　　◎ ✕

얼음이 열을 잃으면 녹아.　　　　　　　　　　　　　◎ ✕

## 얼음은 열을 얻어서 녹아.

얼음은 왜 녹을까? 얼음이 녹는 것은 얼음 주위의 따뜻한 공기 때문이야. 얼음 주위의 공기는 얼음보다 온도가 높아. 열은 온도가 높은 곳에서 낮은 곳으로 이동하기 때문에 공기의 따뜻한 열이 얼음으로 이동해서 얼음이 녹는 것이지.

## 수건은 열의 이동을 막아줘.

어떻게 하면 얼음이 녹지 않게 할 수 있을까?

먼저 보온병 속에 따뜻한 물을 넣으면 어떻게 될까? 따뜻한 물이 식는 것은 주위에 열을 빼앗기기 때문인데 보온병은 따뜻한 물이 주위의 공기에게 열을 빼앗기지 않게 하는 역할을 해. 따라서 물이 빨리 식는 것을 막아 줘.

반대로 보온병 속에 차가운 얼음을 넣어도 잘 녹지 않지. 즉, 보온병은 열을 빼앗거나 빼앗기지 않도록 하기 때문에 따뜻한 물은 잘 식지 않게, 또 찬 얼음은 잘 녹지 않게 하는 역할을 해.

얼음을 수건으로 감싸는 이유도 마찬가지 원리야. 수건이 주위 공기와 얼음 사이에 일어나는 열의 이동을 막아 주는 역할을 하지. 그래서 수건 왕자가 얼음 공주를 감싼다면 열의 이동을 막아주니까 얼음이 천천히 녹게 될 거야.

## 보온병 사이의 빈 공간이 열의 이동을 막아줘.

보온병 속에는 열을 잘 전달하지 않는 플라스틱이나 유리로 만든 큰 병이 들어 있고, 그 속엔 또 은도금을 한 작은 병이 하나 더 들어 있어. 은도금은 복사에 의한 열방출을 막아 줘. 큰 병과 작은 병 사이의 진공 상태가 열을 전달할 수 없는 단열재 역할을 해. 전도로 인한 열 손실을 막아 주지.

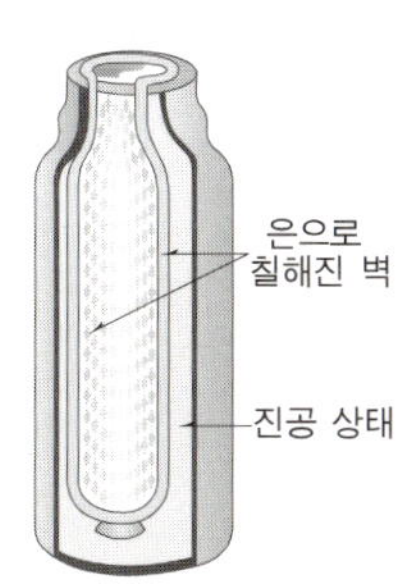


보온병의 구조

## 아하! 개념

- 얼음은 주변의 열을 얻어서 녹는다.
- 수건이나 솜으로 얼음을 감싸면 열의 이동을 막아주므로 얼음이 잘 녹지 않는다.
- 보온병은 따뜻한 물을 잘 식지 않게, 얼음을 잘 녹지 않게 해 준다.

답 : X, X, X, X

# 빛이 눈에서 물체로 이동하기 때문에 물체가 보인다(X)

오개념 박사님이 아주 놀라운 발명을 했어. 눈이 발달하여 물체를 볼 수 있는 로봇을 만들었거든. 놀랍지 않아?

그런데 문제가 생겼어. 로봇의 눈이 제대로 작동하지 않아서 이리 부딪치고, 저리 부딪치게 된 거야. 로봇의 여기저기가 부서지고, 방 안이 온통 뒤죽박죽이 되어 갔지. 박사님은 로봇 눈의 설계도를 다시 살펴보았어.

"이상하다. 분명 빛이 로봇의 눈에서 나가게 만들었는데 왜 물체를 못 보는 걸까?"

그런데 박사님이 한 가지 실수한 게 있어. 로봇을 만들 때 로봇의 눈에서 빛이 나갈 수만 있게 설계한 거야. 밖에서는 어떤 빛도 들어가지 못하도록 만든 게 문제였지. 그게 무슨 문제냐고? 눈으로 물체를 보는 원리에 대해 알고 나면 박사님의 설계가 잘못되었다는 것을 알게 될 거야.

## 나의 오개념을 체크해 보자

물체를 보려면 빛이 있어야 해.                                       ⭕ ❌

빛이 눈으로, 눈에서 물체 쪽으로 이동해서 물체가 보여.               ⭕ ❌

빛이 물체로, 물체에서 눈으로 이동해서 물체가 보여.                 ⭕ ❌

## 물체를 본다는 건, 물체에서 반사된 빛을 보는 거야.

우리가 물체를 볼 수 있는 건 빛 덕분이야. 스스로 빛을 내는 것을 **광원**이라고 하는데, 광원이 있어야 물체를 볼 수 있어. 광원의 빛을 물체에 비추면 물체 표면에서 빛이 반사되어 나와. 물체에서 반사된 빛이 우리 눈에 들어와야 우리는 그 물체를 볼 수 있지. 만약 빛이 없거나 물체에서 빛이 반사되지 않는다면 우리는 물체를 볼 수 없을 거야.

**광원의 종류** 스스로 빛을 내는 물체를 광원이라고 한다. 광원에는 태양, 형광등, 손전등, 별 등이 있다.

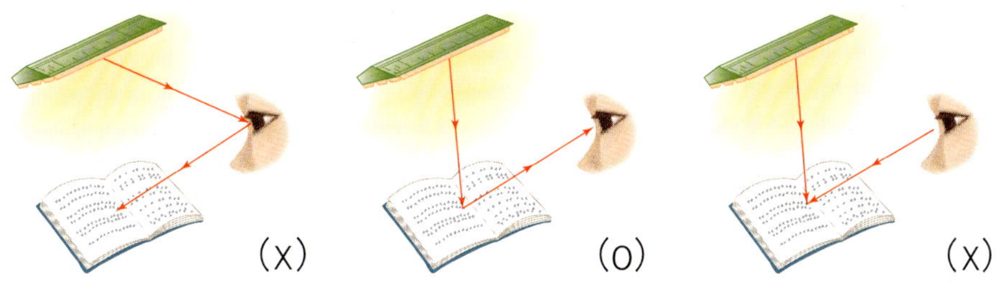



## 빛을 완전히 통과시킨다면 보이지 않아.

한 가지 더 궁금해졌어. 투명한 물체인 유리는 빛을 통과시킨다고 알고 있지? 우리가 유리창 너머에 있는 것들을 볼 수 있는 것도 바로 유리가 빛을 통과시키기 때문인 거야. 위에서 설명한 대로 물체에서 빛이 반사되어야 그 물체를 볼 수 있는 것이라면 빛을 통과시키는 유리는 보이지 않아야 해. 그런데 우리는 유리창도 보이고, 유리컵도 보이는 이유는 무엇일까? 그것은 유리가 빛을 100% 완전히 통과시키지 못하기 때문이야. 만약 빛을 100% 통과시키는 물체가 있다면 그 물체를 볼 수 없는 게 맞아. 하지만 실제로 유리는 빛의 약 96% 정도만 통과시키고 나머지는 흡수하거나 반사시켜. 그래서 유리도 볼 수 있는 거지.

### 아하! 개념

- **물체가 우리 눈에 보이는 원리**
  - <u>스스로 빛을 내는 물체(광원)</u> : 광원에서 나온 빛이 우리 눈에 들어오기 때문이다.
  - <u>스스로 빛을 내지 못하는 물체</u> : 광원에서 나온 빛이 물체에서 반사되어 우리 눈에 들어오기 때문이다.

답 : O, X, O

# 53 그림자는 항상 검은색이다(X)

미술시간에 선생님은 우리에게 물체와 그 물체의 그림자를 그려 보라고 하셨어. 아이들은 자기가 좋아하는 물체와 그 물체의 그림자를 그렸지. 그림을 전시했을 때 우리는 모두 어느 것이 물체이고, 어느 것이 그림자인지 금방 알 수 있었어. 그런데 개념이 그림에는 그림자가 없었어. 똑같은 모양의 그림만 한 개 더 있을 뿐이었지. 개념이는 그 그림이 그림자라고 말했어. 그러자 한 친구가 개념이를 놀려댔어.

"세상에 색깔 그림자가 어디 있어? 그림자는 검은색밖에 나올 수 없어."

친구 말대로 개념이가 그린 그림자는 검은색이 아니었던 거야. 그런데 정말 친구 말대로 색깔 그림자는 세상에 없는 걸까?

그건 그림자가 생기는 원리를 정확히 이해하지 못해서 생긴 오개념이야. 그림자가 생기는 원리를 안다면 빨강, 파랑 그림자도 만들 수 있다고.

## 나의 오개념을 체크해 보자

빛이 있어야 그림자가 생겨.    ◎ ✖

모든 물체의 그림자는 검은색이야.    ◎ ✖

노란색 셀로판지의 그림자는 노란색이야.    ◎ ✖

# 오개념 탈출  그림자가 생기는 원리

## 그림자는 빛이 직진하는 성질 때문에 생겨.

그림자는 물체가 빛을 가로막아서 생기는 거야. 빛이 가는 길목을 물체가 막고 있으면 빛은 더 이상 나아가지 못해. 그렇다고 빛이 물체를 돌아갈 수도 없지. 왜냐하면 빛은 항상 곧게 나아가려는 성질이 있기 때문이야. 따라서 물체의 뒤편에는 빛이 닿지 않는 곳이 생기는데, 그게 그림자인 거야.

물론 유리같이 물체가 비쳐 보이는 투명한 물체는 빛이 통과할 수 있어서 그림자가 생기지 않아. 따라서 그림자는 물체를 사이에 두고 빛의 반대편에 생겨.

## 빛의 일부만 통과시키는 물체의 그림자는 색깔이 있어.

그럼, 모든 그림자는 사람이나 나무에 가려서 생긴 것처럼 항상 검은색일까? 그렇지 않아.

빛을 **프리즘**에 통과시키면 무지개 색깔로 나뉘는 것을 볼 수 있어. 우리가 물체를 보는 것은 사실 무지개 색깔의 빛 때문이야. 이것을 가시광선이라고 해. 만약 물체 중에 빛깔의 일부를 통과시키는 물체가 있다고 생각해 봐. 예를 들면 셀로판지 같은 것이야. 셀로판지는 자신이 가지고 있는 색깔의 빛만 통과시켜. 빨간색 셀로판지는 빨간색 빛만, 파란색 셀로판지는 파란색 빛만 통과시키지. 그렇기 때문에 빨간색 셀로판지에 빛을 비추면 빨간색 그림자가 생기게 돼. 세상에는 색깔 그림자도 있다는 말이지.

> **프리즘** 유리나 수정으로 만든 삼각 기둥 모양의 투명한 물체로 햇빛을 통과시켜 여러 가지 색깔로 나누는 역할을 한다.

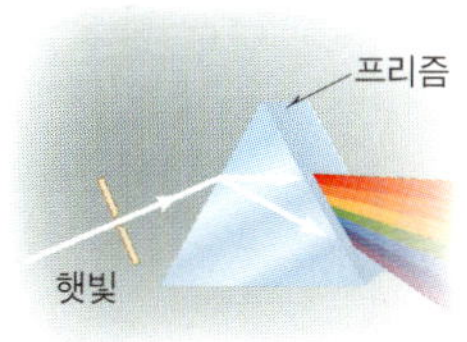


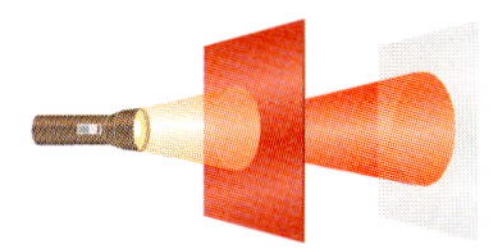
셀로판지의 그림자

## 아하! 개념

- 빛이 있어야 그림자가 생긴다.
- 그림자는 빛이 곧게 나아가는 성질 때문에 생긴다.
- 불투명한 물체에 의한 그림자는 검은색이다.
- 셀로판지와 같이 빛의 일부만 통과시키는 물체는 색깔 그림자를 만든다.

답 : O, X, O

# 54 종이는 빛을 반사하지 않는다(X)

어느 날 종이가 왕 앞에 끌려왔어. 빛을 반사하지 못하면서 반사한다고 거짓말한 죄로 말이야.

왕은 화가 나서 소리쳤어.

"거울처럼 사물을 비쳐 보이지도 못하는 주제에 빛을 반사한다고?"

종이는 억울했어.

"네, 저도 분명히 빛을 반사합니다."

종이가 아무리 외쳐도 소용없었어. 왕은 거울처럼 물체가 비쳐 보여야 빛을 반사하는 물체라고 믿고 있었거든. 종이와 왕 중에서 누구의 말이 옳은 것일까? 둘 중 한 명은 물체가 눈에 보이는 원리를 정확히 알지 못하기 때문에 생기는 오개념을 갖고 있어.

### 나의 오개념을 체크해 보자 

빛을 반사하는 물체만 얼굴이 비쳐 보여. ⭕ ❌

매끈매끈한 물체에는 얼굴이 비쳐 보여. ⭕ ❌

종이는 빛을 반사하지 않아. ⭕ ❌

모든 물체는 빛을 반사해. ⭕ ❌

## 물체가 눈에 보인다면 빛을 반사한 거야.

우리 눈에 물체가 보인다면 그것은 물체가 빛을 반사하기 때문이야. 우리가 물체를 본다는 것은 사실 물체에서 반사된 빛을 보는 것이거든.

'거울을 본다.', '책을 본다.'라고 말하는 대신 '거울에서 반사된 빛을 본다.', '책에서 반사된 빛을 본다.'라고 말하는 게 과학적으로는 더 정확한 표현인 셈이지.

## 일정한 방향으로 빛을 반사하는 경우만 물체가 비쳐 보여.

모든 물체에 닿은 빛은 반사해. 그런데 왜 거울은 사물의 모습대로를 비추지만 종이는 그렇지 못할까? 그건 빛을 반사하는 면의 매끄러운 정도가 다르기 때문이야. 들어오는 빛의 입사각과 반사되어 나가는 빛의 반사각은 항상 같아. 거울처럼 매끄러운 면에서는 빛이 들어왔다가 일정한 방향으로 반사돼. 이것을 정반사라고 해. 빛이 일정한 방향으로 반사되는 정반사의 경우에만 우리 모습이 비쳐 보이지.

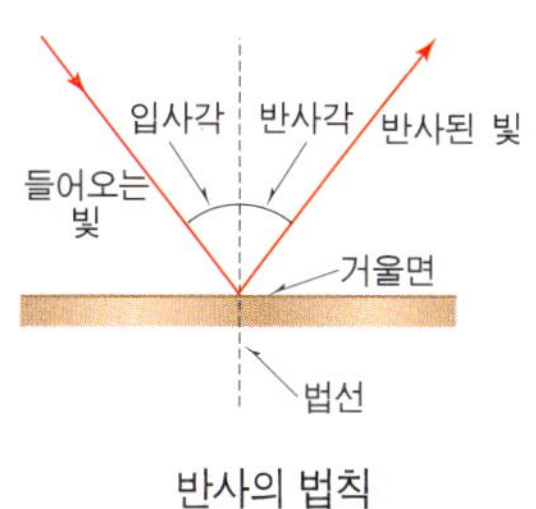


하지만 울퉁불퉁한 면에서 빛은 여러 방향으로 흩어져서 반사돼. 이것을 난반사라고 하지. 종이는 눈으로 보기에는 표면이 매끄럽게 보이지만 현미경으로 자세히 보면 울퉁불퉁한 면을 갖고 있는 물체야. 따라서 종이에는 난반사가 일어나 전혀 모습이 비치지 않는 거야.

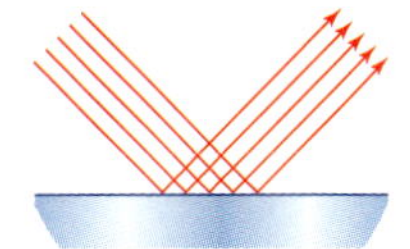

정반사

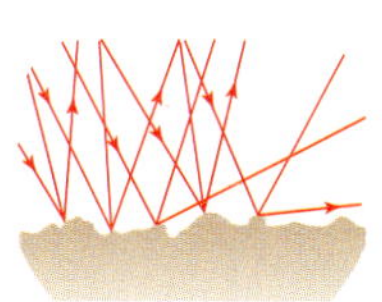

난반사

## 아하! 개념

- 종이를 포함한 모든 물체는 빛을 반사한다.
- 물체를 본다는 것은 물체에서 반사된 빛을 보는 것이다.
- 거울처럼 매끄러운 면에서는 빛이 일정한 방향으로 반사되기 때문에 사물이 비쳐 보인다.

답 : X, O, X, O

#  55 어두운 방에는 빛이 없다(X)

전깃불도 나가고, 하늘에는 먹구름이 잔뜩 끼어 있어서 달빛 한 줄기도 비치지 않는 깜깜한 밤이었어. 방문을 열고 들어가려던 엉뚱이는 아무것도 보이지 않자 겁이 덜컥 나서 소리쳤어.

"황당아, 어디 있는 거야. 빛이 없어서 아무것도 보이질 않아."

황당이의 말은 더욱 황당했어.

"빛이 없다니 무슨 소리야? 이렇게 깜깜해도 이 방에는 빛이 있어."

"황당아, 그게 무슨 황당한 소리야. 빛이 있어야 물체를 볼 수 있는데 아무것도 보이지 않잖아. 그러니까 이 방에는 빛이 없는 거지."

엉뚱이와 황당이는 서로 엉뚱하고 황당하다며 실랑이를 벌였어. 그런데 시간이 좀 흐르자 아무것도 보이지 않던 엉뚱이의 눈에 황당이가 보이기 시작했지. 어찌된 일일까?

## 나의 오개념을 체크해 보자

불이 꺼진 방은 빛이 없어.　　　　　　　　　　　　　○ ✕

빛이 없으면 물체를 볼 수 없어.　　　　　　　　　　○ ✕

우리 눈동자의 크기는 항상 변함없어.　　　　　　　○ ✕

## 물체가 보인다면 빛이 있는 거야.

낮에는 태양 빛이 있어서 주위의 무엇이든 볼 수 있어. 밤에는 태양이 져서 주위가 어두워지므로 물체가 잘 보이지 않지. 그렇다면 빛이 있는지 없는지 알 수 있는 방법은 무엇일까? 그것은 물체를 보는 것으로 구별할 수 있어. 즉 빛이 있으면 물체를 볼 수 있고, 빛이 없으면 물체를 볼 수 없지.

그렇다면 밤에는 정말 빛이 없다고 말할 수 있을까? 우리가 일반적으로 깜깜하다고 말을 해도 빛이 전혀 없는 상태를 뜻하는 것은 아니야. 실생활에서 빛이 전혀 없는 상태란 없으니까. 따라서 깜깜하다고 하는 것은 빛이 아주 적은 상태를 뜻하는 거야. 물체가 어슴푸레하게 조금이라도 보인다면 적은 양이지만 빛이 있다고 봐야 하거든.

## 빛의 양에 따라 눈동자의 크기가 달라져.

밝은 곳에 있다가 어두운 곳에 들어가면 처음에는 앞이 잘 보이지 않다가 시간이 지나면서 잘 보이게 돼. 눈이 빛의 양을 조절하는 데 시간이 걸리기 때문이야.

눈에는 카메라 렌즈와 같은 수정체가 있고, 그 주위를 **홍채**가 둘러싸고 있어. 홍채가 늘어났다 줄어들었다 하면 홍채 가운데 부분의 검은 동자가 작아졌다 커졌다 하지.

홍채는 눈에 들어오는 빛의 양을 조절하는 역할을 해. 밝을 때는 홍채가 늘어나 **동공**이 작아져 빛이 조금 들어오고, 어두울 때는 홍채가 줄어들면서 동공이 커져서 많은 양의 빛이 들어오지. 갑자기 어두운 곳에 들어가면 작아져 있던 동공이 빠르게 커지지 못해서 물체가 잘 보이지 않게 되는 거야.

**홍채** 수정체 주위를 둘러싸고 있는 막으로 홍채의 색깔에 따라 눈동자의 색깔이 달라진다.

**동공(눈동자)** 눈의 안쪽 부분인 홍채 중심 부분으로 들어오는 빛의 양을 조절한다.

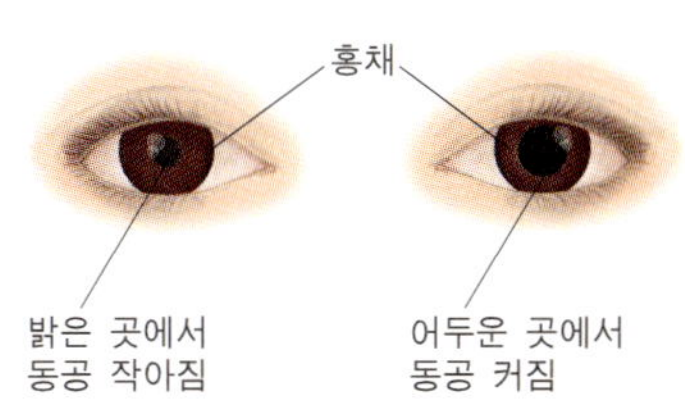



### 아하! 개념

- 어두운 것은 빛이 없는 것이 아니라 빛의 양이 적은 것이다.
- 눈동자가 빛의 양을 조절하여 어두운 곳에서도 물체를 볼 수 있게 한다.
  - 밝은 곳에서는 눈동자의 크기가 작아져 빛이 조금 들어오게 한다.
  - 어두운 곳에서는 눈동자의 크기가 커져 많은 양의 빛이 들어오게 한다.

답 : X, O, X

# 시험에서 속기 쉬운 오개념



**1** 전구와 전지만 가지고 있던 개념이는 전구에 불을 켜기 위하여 전기가 통하는 물체를 찾아 전구와 전지를 연결하고 싶었습니다. 전기가 통하는 물체를 찾는 방법으로 옳은 것은 어느 것입니까? (     )

① 자석에 붙는 물체는 무엇이든 될 거야.

② 자석에 붙지 않는 물체는 무엇이든 될 거야.

③ 자석에 붙는 물체 중에서 딱딱한 물체만 될 거야.

④ 자석에 붙는 물체 중에서 가늘고 긴 것만 될 거야.

⑤ 자석에 붙는 물체 중에서 표면이 반짝거리는 물체만 될 거야.



**2** 개념이네 집에서는 크리스마스를 맞아 지붕과 마당에 있는 나무에 반짝반짝 빛나는 꼬마전구를 연결하기로 하였습니다. 20m 꼬마전구는 나무에, 100m 꼬마전구는 지붕에 연결하였습니다. 동시에 스위치를 눌렀을 때 일어날 수 있는 일을 바르게 설명한 것은 어느 것입니까? (     )

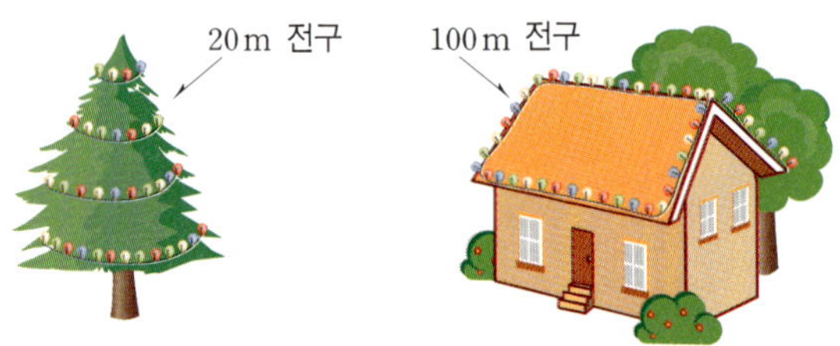


① 나무와 지붕 둘 다 동시에 전구의 불이 켜진다.

② 나무의 전구가 먼저 켜지고, 지붕의 전구는 나중에 켜진다.

③ 나무의 전구는 밝게 켜지고, 지붕의 전구는 조금 어둡게 켜진다.

④ 나무와 지붕 둘 다 스위치를 누른 쪽부터 점차 전구가 켜지기 시작한다.

⑤ 나무의 전구는 동시에 켜지고, 지붕의 전구는 스위치를 누른 쪽부터 점차 켜진다.

**오개념 47**

**3** 다음 중 용수철이 가장 조금 늘어나는 것은 어느 것입니까? (　　　)

① 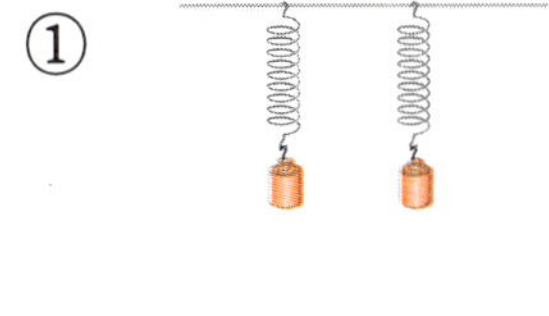　② 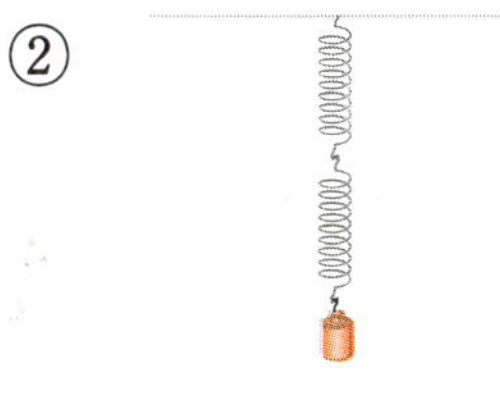　③ 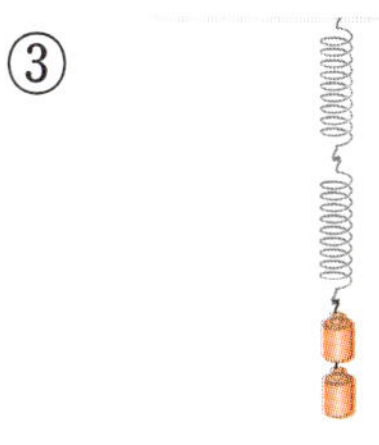

④ 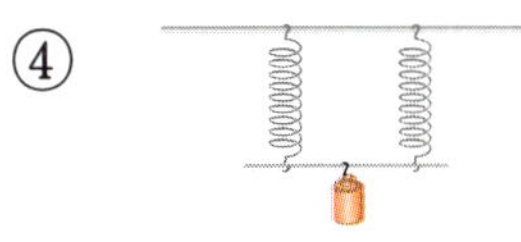　⑤ 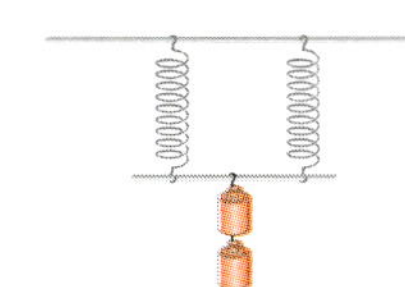

**오개념 49**

**4** 달나라에는 공기와 물이 없어서 사람이 살 수 없다고 합니다. 달나라에 간 암스트롱이 햇빛 비치는 곳에 서 있다면 추울지, 더울지를 쓰고, 그 이유도 함께 쓰시오.

**오개념 50**

**5** 추운 겨울 방문을 열 때 순돌이는 쇠로 된 손잡이를 잡고 열고, 순이는 나무로 된 문을 밀고 들어가는 습관을 가지고 있었습니다. 다음 물음에 답하시오.

(1) 순돌이와 순이 중 문을 열 때 손이 차갑게 느껴지는 사람은 누구인지 쓰시오.

(       )

(2) 그 이유는 무엇인지 쓰시오.

--------------------------------------------------------

**오개념 51**

**6** 얼음이 녹지 않게 보관하는 방법으로 적당하지 <u>않은</u> 것은 어느 것입니까?

(       )

① 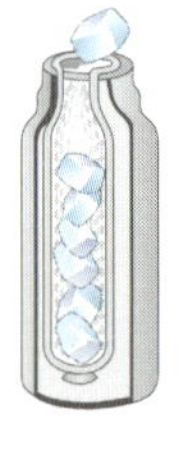
보온병에 넣는다.

② 
가죽 주머니에 넣는다.

③ 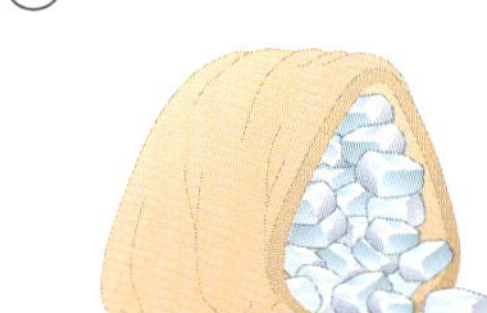
두꺼운 수건으로 감싼다.

④ 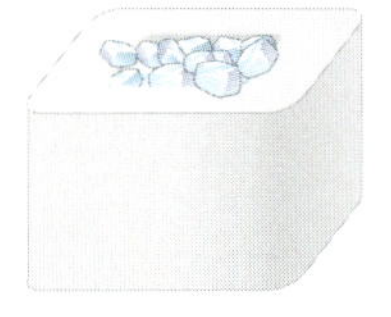
스티로폼 상자에 넣는다.

⑤ 그냥 둔다.

**7** 그림자 연극을 계획하던 개념이는 색깔 그림자 연극을 친구들에게 보여 주고 싶었습니다. 다음 중 개념이가 색깔 그림자를 만들기 위해 사용할 수 있는 물체는 어느 것입니까? (　　)

① 촛불　　　　　② 형광펜　　　　　③ 유리판
④ 유리막대　　　⑤ 셀로판지



**8** 다음 보기 중 빛을 반사하는 것끼리 짝지어 놓은 것은 어느 것입니까?

(　　　　)

보기

ㄱ 거울　　　　　ㄴ 은박지　　　　　ㄷ 종이
ㄹ 운동장 흙　　　ㅁ 쇠 숟가락

① ㄱ, ㄴ　　　　　　　　② ㄱ, ㄴ, ㅁ
③ ㄱ, ㄴ, ㄷ, ㄹ, ㅁ　　④ ㄷ, ㄹ
⑤ ㄷ, ㄹ, ㅁ

# 용어 찾아보기

**표제어순**

## 생명



## 지구와 우주

| 21 | 화산 꼭대기에는 항상 분화구가 있다. | 5-2 4. 화산과 암석 |
|---|---|---|
| 22 | 모든 화산은 폭발한다. | 5-2 4. 화산과 암석 |
| 23 | 화석이 되려면 딱딱해야 한다. | 4-2 4. 화석을 찾아서 |
| 24 | 달은 밤에만 뜬다. | 3-2 3. 지구와 달 |
| 25 | 달에 가면 몸무게가 줄어 날씬해진다. | 3-2 3. 지구와 달<br>4-2 6. 용수철늘이기 |
| 26 | 지구에서 달의 모든 면을 볼 수 있다. | 3-2 3. 지구와 달 |
| 27 | 북반구와 남반구에서 오늘 밤 보이는 달의 모양은 같다. | 3-2 3. 지구와 달 |
| 28 | 우주에서도 소리를 들을 수 있다. | 3-2 3. 지구와 달<br>3-2 6. 소리내기 |

# 물질

| 29 | 가루 물질은 고체가 아니다. | 3-1 1. 우리 주위의 물질 |
|---|---|---|
| 30 | 10℃와 10℃의 물을 섞으면 20℃의 물이 된다. | 4-2 7. 모습을 바꾸는 물 |
| 31 | 얼음과 물은 같은 물질이 아니다. | 3-1 1. 우리 주위의 물질 |
| 32 | 빈 유리컵 속에는 아무것도 없다. | 3-1 3. 소중한 공기<br>6-1 1. 기체의 성질 |
| 33 | 철은 액체나 기체 상태가 없다. | 3-1 1. 우리 주위의 물질 |
| 34 | 액체에서 고체로 되면 부피가 늘어난다. | 4-2 7. 모습을 바꾸는 물 |
| 35 | 물이 얼면 무거워진다. | 4-2 7. 모습을 바꾸는 물 |
| 36 | 차가운 열이 물에 들어가면 얼음이 된다. | 4-2 7. 모습을 바꾸는 물 |
| 37 | 컵 속 얼음이 녹으면 물의 높이는 높아진다. | 4-2 7. 모습을 바꾸는 물 |
| 38 | 물은 언제나 100℃에서 끓는다. | 4-2 7. 모습을 바꾸는 물 |
| 39 | 기차선로가 가열되면 길이만 늘어난다. | 4-2 5. 열에 의한 물체의 부피 변화 |

| 40 | 쇠고리를 가열하면 구멍이 작아진다. | 4-2 | 5. 열에 의한 물체의 부피 변화 |
|----|----|----|----|
| 41 | 가루 물질이 물에 녹으면 없어진다. | 3-2 | 4. 여러 가지 가루 녹이기 |
| 42 | 설탕을 물에 넣은 후 빨리 저으면 더 많이 녹는다. | 3-2 | 4. 여러 가지 가루 녹이기 |
| | | 5-1 | 2. 용해와 용액 |

# 에너지

| 43 | 자석을 쪼개면 한 개의 극만 갖는다. | 3-1 | 2. 자석놀이 |
|----|----|----|----|
| 44 | 금속은 모두 자석에 붙는다. | 3-1 | 2. 자석놀이 |
| 45 | 전선이 길면 전구를 켜는 데 시간이 오래 걸린다. | 4-1 | 3. 전구에 불켜기 |
| 46 | 건전지의 크기가 클수록 전구의 밝기가 밝다. | 4-1 | 3. 전구에 불켜기 |
| 47 | 용수철 2개로 물체를 들면 늘어난 길이는 반으로 준다. | 4-2 | 6. 용수철늘이기 |
| 48 | 용수철 양쪽에 같은 무게의 물체를 매달면 늘어난 길이는 2배가 된다. | 4-2 | 6. 용수철늘이기 |
| 49 | 열이 이동하려면 매질(물질)이 필요하다. | 4-2 | 8. 열의 이동과 우리 생활 |
| 50 | 쇠는 항상 차갑다. | 4-2 | 8. 열의 이동과 우리 생활 |
| 51 | 얼음을 수건으로 감싸면 빨리 녹는다. | 4-2 | 8. 열의 이동과 우리 생활 |
| 52 | 빛이 눈에서 물체로 이동하기 때문에 물체가 보인다. | 3-2 | 2. 빛의 나아감 |
| 53 | 그림자는 항상 검은색이다. | 3-2 | 2. 빛의 나아감 |
| 54 | 종이는 빛을 반사하지 않는다. | 3-2 | 2. 빛의 나아감 |
| | | 5-1 | 1. 거울과 렌즈 |
| 55 | 어두운 방에는 빛이 없다. | 3-2 | 2. 빛의 나아감 |
| | | 6-1 | 3. 우리 몸의 생김새 |

## 오개념 체크 리스트

**생명**
1. X  2. O  3. X  4. X  5. O  6. X  7. X
8. O  9. X  10. X  11. X  12. X  13. O  14. O  15. X
16. X  17. O  18. X  19. X  20. X  21. X  22. O  23. X
24. X  25. O  26. X  27. O  28. O  29. X  30. X  31. O
32. O  33. O  34. X  35. X  36. X  37. X  38. O  39. O

**지구와 우주**
40. X  41. X  42. X  43. X  44. O  45. X
46. O  47. X  48. X  49. O  50. X  51. O  52. X  53. O
54. O  55. O  56. X  57. X  58. O  59. X  60. X  61. X
62. O  63. X  64. O  65. X  66. X  67. X  68. X  69. O
70. X  71. X  72. O  73. X  74. X  75. X  76. O  77. O
78. O  79. X  80. X

**물질**
81. X  82. O  83. X  84. X  85. O  86. X  87. O
88. X  89. O  90. X  91. O  92. O  93. X  94. X  95. X
96. X  97. X  98. X  99. O  100. X  101. X  102. X  103. O
104. X  105. O  106. X  107. X  108. X  109. O  110. X  111. X
112. O  113. X  114. O  115. X  116. X  117. O  118. O  119. X

**에너지**
120. X  121. X  122. X  123. X  124. X  125. X
126. O  127. X  128. X  129. O  130. X  131. O  132. X  133. O
134. O  135. X  136. X  137. X  138. O  139. X  140. X  141. X
142. X  143. X  144. X  145. X  146. O  147. X  148. O  149. O
150. X  151. O  152. X  153. O  154. X  155. O  156. X  157. O
158. X

## 시험에서 속기 쉬운 오개념 생명



**1.** ② **2.** ㉠, 해설참조 **3.** ④ **4.** ② **5.** 해설참조 **6.** (1) ㉠, ㉢, ㉣, ㉤ (2) ㉡
**7.** ③, ④ **8.** 해설참조

 ## 해설

**1.** 생물의 특징으로는 몸이 세포로 이루어져 있다, 몸이 자란다, 자신을 닮은 자손을 남긴다, 물질대사를 한다 등이 있습니다. 스스로 양분을 만드는 것은 생물 중 식물만의 특징입니다.

**2.** 닭의 수컷은 화려한 깃털과 볏을 가지고 있으며 수컷이 암컷에 비해 몸집이 큽니다.

**3.** 매미는 불완전 변태를 하는 곤충으로 번데기 시기가 없습니다. 완전 변태를 하는 곤충에는 벌, 나비, 모기, 반딧불이 등이 있습니다.

**4.** 광합성은 햇빛이 비치는 낮에 일어나고 광합성의 결과 산소가 만들어집니다. 호흡은 항상 일어나며, 이산화탄소가 만들어집니다. 광합성이 활발하게 일어나는 낮에는 산소가 더 많이 만들어져 산소가 방출되고, 광합성을 하지 않는 밤에는 이산화탄소가 더 많이 방출됩니다.

**5.** 흙 속에 산소를 공급하여 싹이 잘 틀 수 있게 해 준다.
: 씨가 싹이 트기 위해서는 물, 적당한 온도, 산소가 필요합니다.

**6.** 식물이 자라는 데 햇빛이 미치는 영향을 알아보기 위한 것이므로 햇빛을 비추는 정도만 다르게 해 주고, 실험에 영향을 끼칠 수 있는 조건들은 같게 해 주어야 합니다. 화분의 색깔은 실험 결과에 영향을 미치는 요인이 아니므로 굳이 같게 해 주지 않아도 됩니다.

**7.** 음식을 먹을 때에는 소화효소에 의해 음식물이 분해되기 쉽도록 꼭꼭 씹어 잘게 만들고 천천히 먹는 것이 좋습니다. 밥을 물에 말아 먹으면 소화효소가 음식을 분해하는 능력이 떨어집니다. 차가운 아이스크림을 많이 먹으면 소화효소가 잘 작용하지 못해 배탈이 나기 쉽습니다.

**8.** 버섯은 스스로 양분을 만들지 못하고 다른 생물의 양분을 얻어 자라는 생물이기 때문입니다.
: 버섯은 생물의 사체, 배설물을 분해하는 분해자입니다.

##  시험에서 속기 쉬운 오개념 지구와 우주

**1.** ③　**2.** 남동풍　**3.** ④　**4.** ②, ④　**5.** 해설참조　**6.** ①　**7.** ②　**8.** ②, ③

### 해설

**1.** 공기 중의 수증기는 찬 물체를 만나면 물방울로 변하게 됩니다.

**2.** 바람은 불어오기 시작하는 쪽으로 풍향을 말합니다.

**3.** 여러 겹의 층이 보이는 암석은 지층이지만, 하나의 암석으로 이루어진 층은 지층이 아닙니다. 대개 아래의 지층이 더 오래된 것으로, 지층 속에 들어 있는 화석 또한 아래에 있는 것이 오래되었을 것으로 볼 수 있습니다. 불가사리, 조개, 물고기 화석이 발견되는 것으로 보아 예전에는 바다였던 것으로 추측됩니다.

**4.** 분화구에 물이 고인 것을 크기에 따라 화구호 또는 칼데라호라고 하며, 한번 폭발한 화산이라도 다시 분화할 수 있는 화산도 있습니다.

**5.** 例 지층의 순서를 구별할 수 있다, 지층의 연대를 구별할 수 있다, 지층이 만들어질 당시의 환경에 대해 알 수 있다, 예전에 살았던 생물들의 모습을 알 수 있다, 석유, 석탄 등 지하자원을 조사하는 데 이용할 수 있다 등
: 지층과 화석은 모두 과거의 환경과 생물의 생활상을 알 수 있는 열쇠입니다. 또한 동물의 사체는 석유, 식물의 사체는 석탄으로 변하기도 하므로 지하자원을 탐사하는 데 유용합니다.

**6.** 보름달은 초저녁에 떠서 새벽에 지므로 낮에는 볼 수 없습니다.

**7.** 지구에서의 몸무게는 지구가 잡아당기는 힘이고, 달나라에서의 몸무게는 달이 잡아당기는 힘입니다. 달은 지구보다 $\frac{1}{6}$의 힘으로 잡아당기므로 달에 가면 몸무게가 $\frac{1}{6}$로 줄어듭니다.

**8.** 소리는 공기에 의해서 전달됩니다. 우주와 달나라는 공기가 없으므로 소리가 전달되지 않습니다.

## 시험에서 속기 쉬운 오개념 물질



**1.** ③  **2.** 해설참조  **3.** ③  **4.** ②, ④  **5.** 해설참조  **6.** ③, ④  **7.** ②  **8.** 280

### 해설

**1.** 섞인 두 식용유의 무게를 더하면 무게를 구할 수 있습니다. 60℃의 식용유의 양이 더 많으므로 두 온도를 더한 후 2로 나눈 값을 기준으로 60℃에 가까운 온도가 됩니다.

**2.**  구멍의 높이까지 공기가 빠져나가 물이 들어오므로 종이배는 구멍의 높이에 있게 된다.

: 구멍이 뚫린 높이까지는 공기가 빠져 나가므로 물이 들어옵니다. 그러나 물에 의해 구멍이 막히면 더 이상 공기가 빠져 나갈 수 없게 되므로 종이배는 구멍의 높이에 있게 됩니다.

**3.** 초의 경우 물과는 반대로 액체 상태에서 고체 상태로 변하면 부피가 줄어듭니다. 초의 상태 변화에 의해 부피만 줄어든 것이므로 초의 무게는 변함이 없습니다.

**4.** 물이 액체에서 고체로 변할 때와 액체에서 기체로 변할 때 모두 부피가 늘어납니다. 일반적으로 물질이 액체에서 고체로 변하면 부피가 줄어들지만, 물은 아주 특이하게 부피가 늘어납니다. 이는 물이 얼음이 되면서 알갱이들이 서로 일정한 간격으로 배열되는데, 이때 물의 상태보다 더 많은 공간이 존재하기 때문입니다.

**5.** 흘러넘치지 않는다. 얼음이 녹아도 물의 높이는 변하지 않기 때문이다.
: 물에 얼음을 띄웠을 때의 물의 높이와 얼음이 다 녹았을 때의 물의 높이는 같습니다. 물속에 잠긴 얼음이 녹으면서 부피가 줄어들지만, 물 위에 있는 얼음이 녹으면서 줄어든 부피를 채우기 때문입니다.

**6.** 물의 끓는 온도는 압력에 따라 달라집니다. 압력이 높으면 더 높은 온도에서 끓고, 압력이 낮으면 더 낮은 온도에서 끓습니다. 높이 올라갈수록 기압이 낮아집니다.

**7.** 고체, 액체, 기체를 가열하면 부피가 증가합니다. 고체의 경우 가열하면 길이만 증가하는 것이 아니라 두께도 증가합니다. 따라서 두께가 증가하면 쇠고리의 지름이 작아질 것 같지만, 실제 쇠고리를 이루는 알갱이들 사이의 간격이 벌어지므로 쇠

고리의 지름은 커지게 됩니다.

8.  소금이 물에 녹는다는 것은 눈에 보이지 않지만 아주 작은 알갱이로 물속에 퍼져
    있다는 것이지, 소금이 없어진 것이 아닙니다. 따라서 소금의 반 정도만 녹고, 나머
    지 반 정도는 녹지 않고 남아있다고 하더라도 물속에 들어 있는 소금의 양은 80g
    입니다. 따라서 비커 100g＋물 100g＋소금 80g＝280g이 됩니다.



**1.** ①　**2.** ①　**3.** ④　**4.** 해설참조　**5.** ⑴ 순돌이 ⑵ 쇠가 나무보다 열전도율이 높기
때문이다.　**6.** ⑤　**7.** ⑤　**8.** ③

## 해설

1.  자석에 붙는 것은 클립과 같이 철로 만들어진 물체뿐입니다. 철은 금속의 하나인
    데, 금속은 모두 전기가 통하므로 당연히 철도 전기가 통합니다. 따라서 자석에 붙
    는 물체는 무엇이든 전기가 통합니다. 그러나 전기가 통하는 물체라고 해서 자석
    에 붙는 것은 아닙니다.

2.  전선 길이와 상관없이 전구에 불은 동시에 켜집니다.

3.  용수철 2개를 병렬로 연결하여 물체를 매달면 늘어난 길이는 $\frac{1}{2}$로 줄어듭니다.

4.  더울 것이다. 햇빛은 햇빛을 전달해 주는 매질이 필요 없기 때문이다.
    : 햇빛은 복사열로 매질 없이도 열을 전달합니다.

5.  같은 장소에 있는 쇠로 된 손잡이와 나무의 온도는 같습니다. 그러나 우리가 쇠로
    된 손잡이를 잡을 때 차게 느껴지는 이유는 쇠의 열전도율이 나무보다 높기 때문
    입니다. 즉 쇠는 손의 열을 쉽게 빼앗아갑니다.

6.  얼음은 주변의 열을 얻어 녹으므로 주변의 열을 차단시키면 얼음이 녹는 속도를
    늦출 수 있습니다. 보온병이나 가죽 주머니, 스티로폼 상자에 넣거나 수건으로 감
    싸는 것은 모두 주변의 열을 차단시킬 수 있는 방법입니다.

7.  빛은 여러 가지 색깔로 되어 있는데 셀로판지는 자신과 같은 색깔의 빛만 통과시
    키므로 색깔 그림자를 만들 수 있습니다.

8.  모든 물체는 빛을 반사합니다. 다만 눈으로 보기에 비쳐 보이지 않을 뿐입니다.

**과학 오개념탈출 프로젝트 1**

**글** 정지숙, 신애경, 황신영
**그림** 서춘경(표지), 박선화, 다우(본문)
**감수** 전영석

**1판 1쇄 인쇄** 2009년 2월 13일
**1판 2쇄 발행** 2009년 7월 14일

**펴낸이** 김영곤
**펴낸곳** (주)북이십일 아울북
**개발실장** 이유남
**책임 개발** 이장건
**기획 개발** 신정숙, 이장건
**영업본부장** 주명석
**마케팅** 노진희
**영업** 서재필, 최창규
**디자인** 표지_최은, 본문_02정보디자인
**편집** 다우

**주소** 경기도 파주시 교하읍 문발리 파주출판문화정보산업단지 518-3 (413-756)
**연락처** 031-955-2703(마케팅) 031-955-2721(영업) 031-955-2157(내용문의)
**홈페이지** http://www.keystudy.co.kr
**출판등록** 제 10-1965호 Copyright© 2009 by 아울북. All rights reserved

값 10,000원
ISBN 978-89-509-1685-5
ISBN 978-89-509-1727-2 (세트)

# 시험에 강한 종합반

**업계유일!
주2회 학습관리**

"온라인 학습 시키면… 공부는 잠깐 하고,
딴 짓을 더 많이 하던데요."
➲ 일반 온라인 강좌는 그렇습니다! 공부와락 회원들은 이미 온쌤 선생님의 1:1 밀착관리를 통해 자기주도적인 온라인 학습 습관을 완성하고 있습니다.(메신저 차단, 유해사이트 차단)

**강남 8학군
유명 강사진!**

"지방에서 강남 8학군 따라잡기? 생각도 못 하고 있어요."
➲ 강남 대치동, EBS 유명 강사진의 명품 강의를 제주도나 산골에서도 학습이 가능 합니다! 전국, 해외의 수 많은 공부와락 회원의 80% 이상이 80점 이상 평균점수를 받고 있습니다.

**월 10만원!
전과목 학습＋온쌤관리**

"성적 올리려고 비싼 과외, 학원비 감당하기 정말 힘들죠."
➲ 단과 강좌 1과목 학원비 수준(약 10만원)으로 모든 과목 대치동 수준 과외를 받으세요! 시험에 대한 집중 케어 시스템으로 단기간에도 성적향상이 가능합니다!

**무한반복 학습!**

"학원, 과외하면서 잠깐잠깐 놓쳤던 부분들,
복습하고 싶을 땐 ㅠ_ㅠ"
➲ 학습기간 동안 언제라도 반복 학습이 가능합니다! 이해가 쏙쏙 되는 강의를 두 번씩만 들어보세요! 성적향상, 결코 어렵지 않습니다!

## 종합반 수강료

| 구분 | 6개월 | 12개월 |
| --- | --- | --- |
| 초등 종합반 | 504,000원 | 840,000원 |
| 중등 종합반 | 720,000원 | 1,200,000원 |

※ 친구와 함께 구매 시 20%, 가족과 함께 구매 시 30% 할인 제공해 드립니다.